日本平動物園うちあけ話

静岡市立日本平動物園

JN273324

静新新書

005

はじめに

一九六九年（昭和四十四年）八月一日、静岡市立日本平動物園は記念すべき開園の日を迎えた。市民の声や幼稚園児たちの一円募金などに後押しされ、静岡市制八十周年記念事業として動物園建設が実現したのだった。

しかし実情は開園数時間前まで舗装工事が行われており、華々しいオープニングとは裏腹に慌ただしくスタートを切ったというのが本音である。荒山に植樹された木々はまだ小さく、真夏の太陽を遮る日陰を作れなかったため大変暑かったが、夏休みの時期ということもあり、開園当初から連日大変多くの来園者で賑わった。

それから十二年の歳月が過ぎ、園内に木花が生い茂る緑豊かな動物園へと成長した。このころになると、職員たちから「園内のニュースや情報を園内外の人々に知ってもらうために園内新聞を発行したらどうか」という声が挙がるようになった。そのきっかけとなったのが、一九八一年（昭和五十六年）三月に発足し同年十一月に行われた「全国飼育係の集い」に当園の代表者が出席したことであった。全国の動物園で飼育係として働くもの同士の意見・情報交換を目的とした会である。個々の動物園内での動物の状態、運営状況などの活動結果を発表し議論することで日本全国の動物園の資質を高めていくことを見据えたものであった。

この際に各動物園の園内新聞や飼育研究集などが多数配布された。他園ではそれぞれの特色を生かした機関誌のようなものを発行し、園内外への重要なＰＲ材料としていた。それまでも各地の動物園からさまざまな情報を記したものが送られてくることがあったが、当時の日本平動物園にはそういった類の機関誌はなかった。この会に出席した代表者がこれらを園に持ち帰り、その重要性を改めて職員たちに説いたことがすべての始まりだった。

日本平動物園では約百八十種類の動物が飼育され、飼育係は毎日、個々の動物のその日の状態について「飼育日誌」を記している。その量は膨大なものである。出産や赤ちゃんの成長についての喜びに満ちたものもあれば、病気やけが、死亡といったつらく悲しい内容もある。これらは動物園という特別な施設内でしか見られない、動物生態の神秘である。私たち飼育係が経験する喜びや悲しみは、社会教育の場でも生命の尊さを学ぶ貴重な資料となり得るのではないだろうか。

園内で職員たちによる話し合いの結果、機関誌の発行は単なる園内外への宣伝材料となるだけでなく、未来の飼育担当者への手引書としても期待でき、動物園の軌跡としても大変意味のあるものとなるのではないかと全員が大賛成であった。

こうして我が日本平動物園でも園内で起きるニュースを記載した機関誌を発行することになったのである。その後、各飼育係による飼育日誌を機軸とし、新たに情報収集などを行いながら編集を重ね、ついに一九八二年（昭和五十七年）二月に記念すべき日本平動物園内新聞第一号が発行されたのである。名前は「でっきぶらし」。私たち飼育係は毎日それを握りしめ、動物たちの獣舎を掃除する大切な道具から命名した。ただ掃除をするだけではない。糞の様子や残った餌の量を見て動物の健康状態をチェックしながら床を水洗いし舎内を衛生的にするのである。飼育係と動物をつなぐ懸け橋といったら大袈裟かもしれないが、それだけ飼育係にとって大事な仕事道具が新聞の名前となったわけである。これから先、この「でっきぶらし」が社会教育の資料として、また他園との交流を深める材料として活躍してくれることを願っている。もしかしたら私たちにも予想できないような場所で誰かの目に留まり、思いがけない成果を生んでくれるかもしれない。そんな期待をしながら、今日もまた飼育係たちがデッキブラシを握り締め、動物たちの生態に目を凝らすのである。

この「でっきぶらし」の文章の中に登場するかわいいイラストをいつも描いてくださっているのは、高見洋子さん（兵庫県在住）である。高見さんの人柄そのままのほのぼのとした心温まるイラストのおかげで、私たちのつたない文章も皆さんに読んでいただけているのだと思う。どのようにしてこのイラストが生まれるかお聞きした。「原稿が送られてくると、まずはすみからすみまでじっくり楽しく読んでみます。次に、原稿を書かれた方の気持ちを想像してみます。それから、動物を思い浮かべながら構図を考えていきます。ここで出来るだけ、読んでくださる方が〝おやっ〟とか〝むむっ〟とか思ってくださるように、つまり目にとまるように…。その次に、家中の図鑑、写真集、専門書、絵はがき、子供の絵本などなど目に付く資料をながめて自分がかけそうな構図にねり直し、イラストを描いていきます。なかなか頭で考えるようには描けず、描いて消して、描いて消して、そうして夜もどんどんふけていき…。いつも、原稿を書く動物園の方々や動物たち、それと読んでくださる方々をつなぐお手伝いができたらなあ、という気持ちでおります」。

本書は一九九九年から二〇〇六年までの「でっきぶらし」の記事の中から、日本平動物園の動物の生態や飼育係の喜び悲しみなど、来園者の楽しみが一層深まる記事を中心に選び再構成したものである。各文章は、当時の飼育係が執筆した。

目　次

WC
ピクニック広場
東P
ゾウガメ
オオアリクイ
野鳥の森
売店
トラ
ライオン
ジャガー
ペリカン
OK
シンリンオオカミ
人間の
おり
階
段
オラン
ウータン
ユキヒョウ
ジェフロイ
クモザル
アクシスジカ
ニホンカモシカ
レストハウス・売店
東門
WC
旧エンバーソン邸
遊園地広場
タンチョウ
オグロワラビー
WC
バーバリー
シープ
ダチョウ
シロサイ
マレーバク
小型サル舎
ブチ
ハイエナ
コンドル
ヒゲワシ
ハクトウワシ
夜行性動物館
熱帯鳥類館
ニホン
ツキノワグマ
こども動物園
レッサーパンダ
OK
WC
資料館
オートチェア
は虫類館
カメ・ワニ・ヘビ・トカゲ
オートチェア乗り場
売店
第4P
ローラースライダー

※現在、ニホンツキノワグマとユキヒョウは他園に移りました

静岡市立日本平動物園

TEL：054-262-3251　FAX：054-262-3489

住所：〒422-8005　静岡市駿河区池田1767-6

HP：http://www.nhdzoo.jp

営業時間：9時～16時30分（入園は16時まで）

定休日：毎週月曜（祝日の場合は翌日）、年末年始(12月29日～1月1日)

入園料：大人（高校生以上）500円、団体（大人30人以上）400円、中学生以下無料

駐車台数：800台（乗用車1日400円）

アクセス：

〈車〉東名高速静岡IC下車。IC出口を右折し、次の信号も右折。以後、「日本平」の表示に従って、約5km。(所要時間約20分)

(清水IC方面から）国道1号静清バイパス、千代田上土インター下車。出口の信号を左折。陸橋(長沼大橋)を渡るまで直進し、信号(池田)を左折、次(聖一色)を右折。(所要時間約25分)

〈バス〉ＪＲ東静岡駅から静鉄バス「動物園線」で約10分

第一章　表舞台と楽屋裏　見えない苦労もいろいろ

1　レッサーパンダ

あの「風太」の生まれ故郷はここ　2003年11・12月

　レッサーパンダの繁殖は長い間、日本平動物園の最大テーマの一つでした。これまで人工保育を一回したことがあるだけで、なかなか繁殖には成功していなかったのです。しかし、今年は事情が違いました。二〇〇一年十二月に、広島の安佐動物公園からメスのナラ（楢）が、そして二〇〇二年三月には東京の多摩動物公園からオスのフウフウ（風風）が来園したのです。ナラは二歳、フウフウは五歳と、待ちに待った若いペアの誕生です。

　そして二〇〇三年一月、年に一度のレッサーパンダの繁殖シーズンが到来しました。出産を期待して、ナラには新しい巣箱を二つ用意しました。ナラが好きな方を選べるようにしたのです。しかし、肝心の交尾がなかなかありません。フウフウは、ナラが気になって追いかけたりもするのですが、大好物のリンゴがあると、色気より食い気が先に立つようで、餌に

かぶりついてしまいます。これじゃダメだ…と悩んでいたところ、二月中旬、思いがけず交尾が見られたのです。よしっ！　これでかわいい子供が、と思う一方で、まだまだ不安材料は山のようにありました。

まず、レッサーパンダという動物は、妊娠してもいないのに体重が増えたり、出産のための巣づくりをする「偽妊娠」が見られることです。おかげで、私が妊娠を確信したのは、交尾から三カ月も後の五月のことでした。このころになると、さすがに体重の増え方が偽妊娠ではありえないレベルまで上がって来たし、乳腺も膨らんでいたのです。

次なる不安は、ナラが初産だということです。人間でも初産は大変ですが、レッサーパンダの場合はもっと大変です。お母さんは一人で子供を産んで、一人で育てなければなりません。さらにレッサーパンダは、かわいい顔をしていてもライオンやクマと同じ「食肉目」の動物です。驚いたりすれば、子供をかみ殺してしまうことも珍しくありません。そこで、出産前後はできるだけナラを驚かさないように、寝部屋を覆って暗室にし、中に入ったり掃除をしたりすることはできるだけ控えました。

そして七月五日、ナラのお腹がすっとスリムになりました。間違いなく出産です。とは言うものの、巣箱の中の子供は姿も見えないし、声も聞こえません。はたして子供は元気なのでしょうか。巣箱の中の声を拾うために、集音器にカセットテープをつけたりして、何とか子供の様子を探ろうとするなど、不安な日々が二週間も続きました。そして、ようやく聞こえたのです。ピルルル…という子供の小さい、しかし確かに元気な声でした（意外でしょうが、レッサーパンダは親も子もトンビのような声で鳴くのです）。

このころから、お母さんになったナラもだいぶ落ち着いてきたので、ナラが運動場に出ている隙に、赤ちゃんの体重測定を決行することにしました。初めて見る赤ちゃんは、真っ白な産毛に包まれていて、まだ目も開いていない弱々しい姿でした。体重はまだ５４０㌘で、大人の一割以下しかありません。赤ちゃんは「風太」と名付けました。

その後も、お母さんのナラが頑張ってくれて、風太はすくすく育ちました。ナラが常に風太のことを気にかけて、授乳もちゃんとしてくれているので、私はお母さんの栄養に気をつけて餌をあげることにだけ気を配りました。立派なお母さんぶりを見せたナラですが、ただ一つだけ、風太の移動にはちょっと失敗してしまったようです。と言うのは、レッサーパンダはネコと同じように子供をくわえて持ち運ぶのですが、このときに首の後ろではなく、しっぽをくわえてしまったようで、風太はしっぽがどうも普通より短いのです。レッサーパンダのしっぽは白と茶のしま模様で先端が黒くなっているのですが、風太はこの黒い部分がなく、しまの数も三つほど少ないのです。

生まれてから二カ月余りが経ち、ようやく風太も巣箱から出ている時間が長くなり、一般公開できるようになりました。とは言っても最初はまだガラス張りの寝部屋での屋内展示で、ほとんどの時間は部屋の中で丸まって寝ている状態でしたが…。それでも、一日三十分くらいは運動場にも出すようにして、少しずつ慣らしていきました。最初は外に出るのもおっかなびっくりで、お母さんと鳴き交わしながら、お母さんの後を追いかけるように歩いていたものです。

しかし、子供の成長は早いもので、十月に入ると木登りもするようになり、十月末には枝から枝へジャンプできるまでになりました。こうなると、お母さんのナラの方が疲れてしまいます。今までは木のてっぺんに行けば、風太が登って来られないのでゆっくりできたのですが、そこまで風太が来るようになってしまったのです。あまりにしつこく風太が追いかけてくるので、ナラは逃げ回るようにあちこち歩き回ります。でも、風太がついてこないと今度は逆に気になるようで、何かあるとすぐ戻ってくるのは、さすがお母さんと言ったところでしょうか。

このころから離乳も始めました。運動場に出したころからササをペロペロと舐めたりもしていたのですが、十月からはリンゴを食べ始めました。今もリンゴは大好きで、シャリシャリとよくかじっています。十二月現在、早いもので見かけではお母さんと変わらないくらいに育ちました。

最後に、風太という名前はお父さんのフウフウの一字をもらったものなのですが、実はフウフウは風太が生まれる直前の六月に急死してしまいました。フウフウの分まで、風太には元気に育って欲しいと願っています。

風太は春ごろには千葉市動物公園に行くことになりました。また、そのころには新しいオスが山口県の徳山動物園から来ることも決まり、来年は日本平動物園のレッサーパンダが新しい顔ぶれになりそうです。風太がお母さんと一緒にいられるのもあと少しです。

◇

その後、風太は順調に発育し二〇〇四年三月三十日、千葉市動物公園に繁殖目的のため移されました。その風太と入れ替わりに徳山動物園から三歳のオス、シュウシュウが来園し、ナラと新婚生活を始めました。シュウシュウはちょっと短気で内弁慶な性格です。

ところで、千葉で新たな生活を送っていた風太がある日突然、日本中から注目されることになりました。「立つレッサーパンダ」として一世を風靡したのです。母親ナラもそうなのですが、風太も幼少期から立つ姿は時々見かけていたので、なぜあんなに話題をさらってしまったのか、と職員一同首を傾げていました。このころ、各テレビ局、新聞社などから毎日数十件の電話問い合わせや取材申し込みがあり、てんやわんやの日々を送っていました。取材内容は風太の出生のほか、当園が国内のレッサーパンダの登録と種の保存の調整事業、いわゆる繁殖のためのコーディネートをしているため、風太の血縁関係や系統情報に関するものでした。当園ではほかにオオアリクイの国内血統登録事業も担当しています。

2　オオアリクイ

三代目誕生の快挙　1999年11・12月

オオアリクイは、南米に生息する動物で、歯が全くないので、長い舌を使ってアリなどを舐めとって食べています。一九九八年十二月末現在で百二十頭が国際血統登録されていて、この一年間に世界でわずかしか繁殖していません。

当園では一九八一年からオオアリクイの飼育を始め、今までに八頭産まれています。このうち六頭はジョッキーとオカアちゃんのペアの子です。オカアちゃんが二回目に生んだ子ムチャチャも成熟して二度出産したのですが、いずれも出産時の事故で子は育ちませんでした。

昨年九月にリフトの工事のため、飼育中の二ペアのアリクイをバク舎に引っ越しさせることになりました。オカアちゃんもムチャチャも妊娠の可能性があり、その中での獣舎の変更は心配でしたが、すぐに慣れてくれ、リラックスそのものでした。そして十二月一日朝、ムチャチャの背中にちょこんと子供が乗っていたのです。とても落ち着いたママぶりで、こちらがびっくり。ちなみにオスで、名前は「リキ」とつけました。当園で三代目誕生の快挙です。ムチャチャ、よくやったネ！

2000年7・8月

高齢出産でも子はスクスク

子供を背中に乗せて歩くオオアリクイのメス

オオアリクイに八月十六日、七回目の繁殖が見られました。来園当時、メスはすでに成獣だったことから、かなりの高齢出産です。翌日、おっぱいを絞ってみたところ、全然出ないのです。このままでは子は衰弱してしまいます。そこで親から取り上げ、人工保育に切り替えることにしました。

体重は860グラムとやはり小さく（普通1～1・5キログラム）、性別はメスでした。動物用の人工ミルクを細い乳首を使って、最初は一日五回約十ccほど飲んでいました。その後回数を減らしていって九月三十日現在、一日三回約百ccずつ飲んでいます。そして体重も2510グラムまで増えてきてまずは順調な成育ぶりといえます。

お天気のよい日に、日光浴をしています。

繁殖に貢献した「オカアちゃん」　2003年7・8月

オオアリクイの飼育を始めた当時、オスは4キログラムの子供、メスの背中にちょこんと乗っていて、まるで親子のようでした。そこでオスは「ジョッキー」、メスには「オカアちゃん」という名前が付けられました。来園から七年後に第一子が誕生したのを始め、今までに九頭の親になってくれました。そしてその子供たちは現在、上野動物園、神戸市立王子動物園、沖縄こどもの国で飼育されています。

こうしていい母親ぶりを発揮してくれていたのですが、昨年ごろから腹水が溜まるようになり、今年に入って徐々に寝ている時間が多くなってきました。そして八月十一日にとうとう癌性腹膜炎で死亡しました。よく頑張ってくれたと思います。

当園にはオカアちゃんの娘のムチャチャがいて、オカアちゃんにとって孫に当たるオスのリキを産んで、しっかり育ててくれました。当園は国内で飼育されているオオアリクイの血統登録を担当していますが、オカアちゃんの貢献度は世界的にも誇れるものです。

オカアちゃん、長い間本当にお疲れさまでした。安らかにお眠り下さい。娘のムチャチャが頑張ってくれると思うので、安心して見守っていて下さい。

3　動物病院

傷ついた野生動物に学ぶ自然保護　２００１年１・２月

新年早々から「担当替え」になりました。今度の行き先は、なんと「動物病院」！　聞いて驚いたのが動物たちの種類や数の多さです。ざっと四十七種七十五点の動物たちがあの建物の中にひしめき合っているのです。その半分くらいがけがをしたり体の調子を崩したりしています。まだ飼育経験の浅い自分に果たして動物病院での仕事が務まるかどうか不安でしたが、そうこうするうちに動物病院での飼育業務がスタートしました。

一月四日、朝六時。朝といってもまだ外は真っ暗で、冬の寒空には星がこうこうと輝いています。動物園に向かう車の中で、約四年前に飼育係となって初めて出勤する時のあの心地よいドキドキ・ワクワクとした緊張感がよみがえってきました。

仕事の方はといいますと、これまた大変！　覚えることがたくさんあり、また不慣れなため時間がかかりてんてこ舞いです。しかもここは動物病院なので、当然けがをしたり具合の悪い動物たちがいます。その大半が野生動物たち（主に野鳥など保護された動物）なのです。傷ついたり弱った鳥たちが二日にいっぺんぐらい、多い日には三～四羽も保護されます。事故で翼が骨折していたり、餌が捕れなくてガリガリにやせ細って衰弱していたりと症状はさまざまです。環境破壊が急速に進み、動物たちの棲む場所が激減、激変していることが、保護された痛々しい姿の動物から無言のメッセージとして伝わってきます。また、新聞やテレビなどでもたびたび耳にするあの「オオタカ」などの猛禽類がけがで保護されることはショックでした。緑多い静岡県にも、悲しいかな環境破壊の波が押し寄せているのです。

そんな動物たちがすぐに回復してくれれば良いのですが、なかなかそうはいきません。入院となっても、元々野生の動物ですから当然人間には慣れていません。餌を与えても食べてくれない時は、さし餌（口の中に餌を入れて与えること）をしなければなりません。このさし餌がひと苦労なのです。モタモタしているとバタバタと暴れたり嘴で攻撃してくるので、一瞬の隙を見て素早く嘴を捕まえて給餌をするのです。

手を嘴で咬まれたりして痛い思いをしても、その鳥たちを無事放し大空を心地良さそうに飛んでいく姿を見ると本当に清々しい気持ちになります。しかし、病気やけがが治らず死んでいく動物たちもいます。そんな時は飼育係として自分の力不足に虚しさを感じ、また動物の命とは何とはかなく、そして尊いものなのだろうかと痛感します。今、目の前で一生懸命に生きている動物たちをこちらも一生懸命に世話をすることが、飼育係としての義務であり誇りでもあることを思い知らされ、精神的にも貴重な経験をすることができました。

その他にも飼育に関しての実用的なことも学べました。動物病院では捕獲、保定をして治療や給餌をすることがあります。捕獲の方法や保定時の力加減などは、実際に経験して体で覚えなければなりませんので大変勉強になりました。諸先輩が「病院はいろいろな意味で勉強になる」と言っていたことを思い出し、その言葉の通りだと実感しました。

そして、最後に動物病院のたくさんの動物たちに一言。「ありがとうございました」

「今日も元気かな」と獣舎を毎日見回り

2005年5・6月

私たち獣医は、毎日各飼育担当者と一緒に園内の動物たちの様子をチェックして、健康管理に努めています。動物園に来ると、たまにカゴを持ってブラブラ歩いている人（獣医）を見かけることがあるかもしれません。飼育係の人たちが一生懸命獣舎の掃除や動物の餌作りをしている時に、何も仕事をしないで動物を眺めているように見えるかもしれませんが、ぼーっと動物を見ているというのではありません。頭の中では「今日も元気かな、顔つきや動きはどうかな、あの治療はああしたらいいかな、こうしたらどうかな…」などといつも考えながら見回りをしているのです。

さて、動物たちを見ていると、普段の何気ない様子の中でもとても興味深い行動や表情が見られることがあります。最近話題になったレッサーパンダの風太くんもそうでしたね。というわけで今回は、誌上ですが園内を見回りしてみたいと思います。動物園内でどこにどの動物がいるか、「日本平動物園案内図」（12、13㌻）を参考に読んでくださいね。

中型サル舎に引っ越してきたクモザルのホープくんは、朝のぞくと前に走ってきて「ぼくここにいるよ！」という感じで身体を大きく見せて挨拶してくれます。この行動、スタッフ以外にはしません。作業着で判断しているのだろうと思うのですが、実はメガネまで認識しているということがある日判明しました。

ホープくんは時々、夕方エサを用意してあるのに部屋に入ってきてくれないことがあります。代番（担当者が休みの日に代わりに担当する飼育係）のSさんの日にその傾向があり、なんでだろうと首を傾げていたところ、Sさんがひらめきました。「俺がメガネをかけているからだよ！」。ホープくんをクモザルの島から中型サル舎へ移動する際、麻酔をかけたのですが、吹き矢を打ったU獣医もメガネをかけていたので、メガネをかけた係を見ると、また何かされるかもと思ってしまうのではないかということでした。

SさんはU獣医が部屋を覗いたときにホープくんがキーキー興奮したのでもしやと思い、

試しにメガネを外してみたらうまく部屋に入ったそうです。でもこの方法、何回かやっているうちに効かなくなってきたので…苦労が絶えないＳさんなのですが（ご苦労さまです）。

チンパンジー舎では、子供たちが元気に遊んでいます。先日、中国雑技団来日？と思えるようなアクロバットを見ました。お姉さん格のリズが、一番小さなレンゲちゃんを足にぶらさげて、天井を雲梯《うんてい》しながらすいすい移動していました。れんげちゃんも片手でリズの足首をつかんでぶらんぶらんと平気な顔。足腰や握力の強さを実感した行動でした。

ゾウ舎に行くと、入り口側の部屋にいるシャンティが鼻を伸ばして誰が来たかを確認してくれます。たまに器用に柵の間の狭い隙間に鼻を入れて、柵をパクっとくわえておどけてみたり。でも、時々その後ろにいるダンボが早く外に行きたーいとアピールして扉をドンドンと叩くので、獣舎に響いて迫力と怖さを感じることもあります。

野生のヒツジであるバーバリーシープは、獣医が来ると逃げます（笑）。私は動物園に勤めて二年ですが、その間に彼らに治療も含め何も嫌なことをしてないのに…。いつも持ち歩いている診療カゴが目印になるのでしょうか、試しにカゴを置いてから近づいてみても逃げることがしばしば。気配が違うのでしょうね。飼育係をしているベテラン獣医のYさんは、「カゴを持って歩かなくなったら、バーバリーが逃げなくなった！」と喜んでいましたが。

ところで、そんなバーバリーシープのおもしろい様子をある日見ました。園内の清掃係のIさんが、葉っぱやゴミを横に飛ばす空気の出る機械を使いながらバーバリーシープ舎の横の通路をきれいにしていた時のこと。その空気が当たったのでしょうか、機械音にびっくりしたのでしょうか、座っていたバーバリーシープが一斉に立ち上がりました。で、どうするのかと思ったら、一カ所に集まりました。群れで生活する草食動物らしいですね。そして、その中から二頭が出てきたのです。そのうちの一頭が、掃除している方に向かって何回か角を振りました。が、もう一頭は一足先に遠くへ逃げていきました。飼育担当のIさんに聞くと、柵の中に入ってきた葉っぱはむしゃむしゃ食べちゃうそうです。でも、普段は落ちている葉っぱはあげないでね。

さて、その向かいにいるアクシスジカのメグちゃんは、生まれてすぐ衰弱してしまったため飼育係がミルクをあげて育てました。このため、飼育係のAさんとIさんが大好きです。掃除をしに獣舎内に入ると、メグちゃんはAさんたちの側から離れません。いいなあ、動物に好かれて（独り言）。

先日子供が産まれたコモンマーモセットは、小さなサルの仲間です。この仲間のサルは、家族で子育てをする習性があります。二月に生まれたモモちゃんも、なんと子育てに参加。小さな赤ちゃんをモモちゃんがおんぶしている姿をこのところよく見ることができます。「子育てお勉強中」といったところでしょう。

少しでも長く動物を観察していると、いろいろな様子が見られて動物たちへの興味や親近感が増してくること間違いなしです！　そして、何の仲間なのかな、どんな身体をしているのかな、どこに住んでいるのかな、などイメージを膨らませてみましょう。世界各国の百七十二種類の動物たちが皆さんを待っています。

第二章　類人猿　心が通う人間の友達

1　オランウータン

ダンボール箱でストレス解消

2000年3・4月

ある日の午後、私がオランウータンの放飼場の前でオスのジュンを観察していると、後ろからお客さんの声がします。「あらまあ紙くずだらけ、誰がやったのかしら。悪い人がいるものだわねー」とです。

ちょっと待ってくださいお客さん、それは私が遊び道具として与えたものなのです。

と言うのは、相方のベリー（メス）が体調不良のために長期の室内暮らしで、一頭で放飼場に出る日が続いています。隣のゴリラのゴロンもけがの治療で不在です。

外に出ても遊び相手もおらず、全くのひとりぼっちです。暇つぶしにと思い、ダンボール箱を差し入れてあげたのです。これならバラバラにしてもけがはしないし、たとえお客さんに投げたとしても安全だし、寝室に持ち込んでも心配ありません。掃除が少し大変になりま

すが。これが大当たり、ジュンは大喜びで放飼場に出てゆくのが早いこと早いこと。私があらかじめダンボール箱の中に朝食としてハクサイ、リンゴ、ピーナツを入れて放飼場の真ん中あたりに置いておきます。箱の中から餌を全部取り出し、それからおもむろに箱の一カ所を切り開いて広げます。それをこぶしで叩いたりして平らにすると、どっかり座り込んで周りを少しずつ内側に曲げることに集中します。

この行動は、まるで野生のオランウータンが枝葉を集めて寝床を作っているようです。しかし、それも昼前までのことです。やがて、こぶし大ほどの大きさに破り始め、大きなダンボールはあっと言う間にただの紙くずに…。これが真相です。皆さん、このように物をびりびり破り捨てると、胸がすっとすると思いませんか。私はジュンのこの行動が、ストレスの解消に多少は役立っていると思うのですが、いかがなものでしょう。

病気と闘うベリー　２０００年５・６月

正月早々、ベリーが、また体調不良に陥りました。ここ何年かは生理がくる度に食欲不振と動作が緩慢になる症状が現れ、短い時で三日ほど、長くなると回復までに十日ぐらいかかっていました。今回も、そのパターンだろうと簡単に考えていたのです。それが三カ月余りにも及ぶ闘病生活の始まりになるとは、思いもよらないことでした。それはまさしく当のベリー、飼育係、獣医を巻き込んでの闘いでした。

治療中に二度の危機がありました。一度目は朝寝室を覗いたら床の上にあおむけに寝ていて、声をかけても動く気配すらありません。慌てて中に入ると体は冷たく、ぼんやりとした目は焦点が定まっていません。ちょうど居合わせた獣医と二人で、フロアヒーターの効いている台へ寝かそうとしましたが持ち上がりません。応援を頼んで何とか上げて、麻袋をかけ体をこすってやっと体温は上昇、目もはっきりしてひと安心しました。

二度目はこれよりも危ない状況だったのです。吐血と下血を繰り返し、みるみるうちにやつれてゆきます。やせが目立ち、食欲は極端に落ちました。一番悪い時はスポーツドリンクをスプーンで飲ませるだけで終わった日もあります。しかし、薬と注射だけは不思議と受け入れてくれたのです。注射は初めさすがに怒りましたが、うつ前によく言い聞かせると、注

射器を見ないようにするためか両手で顔を覆ってしまいます。その後は素直にうたせてくれました。

毎日が、寝たきりの人を介護しているのと同じでした。糞尿はたれ流し、汚れる体を日に何回かタオルでふき、ついでに床もきれいにと忙しい日々でした。そんな中、徐々に薬の効果が出てきました。が、よくなってきたとほっとするのも束の間、今度は発熱です。夕方になると38度近くあり、心配になって夜の十時に測りにくると38度5分まで上がっています。体は熱く、解熱剤でなんとか下げる日が一カ月近くも続きました。熱が上がらなくなって、やっとよい状態になった時にはもう桜が咲く季節でした。

今回の二度の危機を乗り越えられたのは、彼女の私たちへの信頼があったからこそでしょう。こちらの思いをよく理解し信じてくれ、それが治療をスムーズにし治る方向に向かわせてくれました。このように地道に信頼関係を築いていくことが何よりも大切だと感じています。

17歳9カ月、さよならベリー　2000年9・10月

なんということでありましょう。一年ちょっとの間に五頭もの類人猿たちを見送ることになってしまいました。

ゴリラのトト、チンパンジーのレーナは明るい希望に満ちた他園への旅立ちの見送りでした。しかし、ゴリラのタイコ、そしてゴロンは、二度と会うことが叶わぬ旅立ちへの見送りです。そして、そして、その中に十一月三日に私の担当動物であった、オランウータンのベリーまで含まれてしまいました。十七歳と九カ月、まだまだ早過ぎる旅立ちであります。

十三年ほど前でしょうか、ベリーの担当に決まった時は不安でいっぱいでした。というのは、私の性格からして類人猿に合わないと思っていましたし、類人猿の担当の難しさもそば

で見ていて十分過ぎるほど認識していたからです。不安を解消してくれたのは、前担当者の馴致、調教が行き届いていたことでした。たいした苦労もなく、引き継いでから亡くなるまでを過ごせたと思います。

担当者としての彼女への最後の務めは、解剖の立ち合いでした。正月早々の発病以来、二度にわたり死線を乗り越えた病魔との闘いを物語るかのように、体の中はボロボロの状態でした。「これで生きていたのが不思議だ」との声が思わず出たほどです。一度、二度と乗り越えられたものの、三度目はさすがに力尽きてしまったのでしょう。

十数年の付き合いの中でさまざまな出来事を経験し勉強させてもらいました。これは大きな財産であり、あふれるほどの楽しい思い出でもあります。本当にありがとう、ベリー。

女は女同士？　２００５年１・２月

ジュリー（メス）は来園四年目。御年四十歳（ちなみに人間の年にすると八十歳）になります。この四年、「鳴くまで待とうホトトギス」という家康の心境で接してきました。

変化したことと言えば、一カ月以上部屋を移動しないこともあった彼女が、今年に入り寝部屋から室内展示室へのシュート扉を開放すると、人が見ていても時々は移動するようになったということでしょうか。また、室内展示室に移動しても、以前ですと一日中檻にしがみついて来園者の方を見ていることが多かったのが、最近では来園者側のガラスの所へ来て、来園者の目を気にせず外の景色を眺めている心の余裕も出てきました。担当の私に接する態度も、何となくやわらかくなった気がします。

以前の彼女ですと、給餌その他の用事で名前を呼ぶと、こちらに近づいてくる時に緊張感が身体全体からあふれている感じでした。しかし、最近はそれをあまり感じません。とは言うものの虫の居所が悪い時は、来園当時の本性を見せます（まあ、誰でも機嫌が悪ければそうですね、彼女に限ったことではありませんが）。つばをひっかけたり、手を引っ張り込もうとしたり、ミルクを飲ませるときに哺乳瓶をくわえ込んで持っていこうとしたりと、さまざまなイタズラを仕掛けてきます。

ところで、来園時から変わらないことが一つあります。彼女がリラックスした態度を見せる相手、それは女性なのです。夕方、動物たちの様子を見に来る二人の女性に、それははっきりと見られます。女性が入舎してくると、彼女は部屋の手前に来て身体を寄せます。そして、女性が身体をなでてやると、「もっと」と言わんばかりに身体をすり寄せ、おまけにのどを鳴らして甘えるのです。そして、手を出してと言えば手を出し、足を出してと言えば足を出し…。その態度はなんなのだろう。

毎日世話している私より、ちょっと夕方のぞきにくる人の方が彼女にとって楽だなんて。あーあ。彼女にしてみると、私が男であることそのものがウザイ存在なのかも、その男のやることなすことが彼女のかんに障るのかも。彼女は「やっぱり女は女同士、なんの気兼ねもなく話が合うのよ」と、きっと私に言いたいに違いありません。

キャンディが来園　2003年9・10月

十月二十七日、ボルネオオランウータンのメス、愛称キャンディ（二十五歳）が京都市動物園から来園しました。当園では、三年前にオスのジュンと十数年連れ添ったメスのベリーが病死し、一頭では寂しいということで、二年半ほど前に多摩動物公園からメスのジュリー（三十五歳）を迎えました。それ以来、ジュンとジュリーの同居を試みていましたがうまくいかず、なんとか繁殖可能なメスがほしいということで探していたところ、京都市動物園にいるとのことでお願いをして来園することになりました。

来園に先立ち、私は京都市動物園にキャンディの飼育状況の確認に行きました。キャンディは、担当して一年半くらいという飼育係の言うことにも素直に従い、見知らぬ私がいてもそんなに興奮することはありませんでした。私は「これなら大丈夫」という思いを強くしました。

さて、来園当日。輸送トラックが到着し、その荷台の扉を開けると、キャンディは興奮してブレークダンスをしていました。私たちが輸送檻を運び出そうとすると、人の手をつかみにきて大変危ない状態です。なんとか寝室のところへ檻をつけ、扉を開けるとすぐに寝室に入ってくれました。しかし、キャンディをトラックの荷台から出したとき、右足の太ももの内側に小さな傷があるのを確認しました。それが治りかかってかさぶたができるころ、痛痒く感じるのかそこをしつこくイタズラし、逆に大きな傷になってしまいました。傷のところへ気がいかないようにいろいろ工夫をしてみましたが、イタズラは止まりません。幸い薬はしっかりと飲んでおり、化膿するまでには至っていないようなのですが、これ以上悪くならないことを祈るばかりです。

来園後、キャンディの生理が終わり発情が来る少し前に、オスのジュンとお見合いをしようという当初の予定通り、この状態の中で進めることにしました。これも少しはキャンディの気を散らす一因となってくれたらと思っています。そのためジュンは終日展示せず、キャンディの隣の部屋で過ごすことになりました。ジュンにもつらい思いをさせますが、なんとかキャンディのために頑張ってほしいと思います。キャンディ、皆がお前の元気な姿を青空の下で見られる日が来ることを願っているから、ガンバレ！

2004年3・4月

お見合いは難航気味

二〇〇三年十月にキャンディが来園したオランウータン舎。十一月から檻越しの見合いを続け同居のタイミングを図ってきましたが、翌年二月に移動によるストレスで止まっていた生理が回復、その後は性周期も安定し、毎月定期的に生理がくるようになり、同居をしてみようということになりました。

同居への不安はありました。それまでジュン（オス）はキャンディに単なる隣人に対する接し方をしていた感じでしたが、生理の回復とともに、キャンディがジュンの部屋側の檻に近づくと、檻の間から手を入れたり檻に体をぶつける感じで寄っていったりしました。その度にキャンディは怖がっていました。でも、いずれ同居をさせなければキャンディを来園させた意味がありません。不安なことを考えたらきりがありませんが、キャンディが来園して半年、見合いを重ねて五カ月目の四月二十六日午後、不安の中で同居を開始してみることにしました。

両部屋のシュートの扉を上げると、ジュンは一気に隣の部屋へ。キャンディは悲鳴をあげ逃げましたが、あえなくジュンに押さえつけられました。必死に泣きわめきながら抵抗しましたが、やはりオスの力にはかなわず、しばらく押さえつけられていました。

消防ホースのハンモックでくつろぐキャンディ

ところが、押さえつけられもがいた拍子に、ジュンの爪がキャンディの右腕の力瘤（上腕部）部分にかかり裂傷し出血しました。その傷は思いのほか深く、この時オスの力の強さをまざまざと見せつけられました。同居によるリスクはどうしてもあるのでしょうが…。そう思いながら同居を続けました。二日目もまた押さえつけに行きました。キャンディは怖いということもありどうしても逃げてしまうため、ジュンは逃がすまいと押さえつけてしまう、このパターンのようでした。

三日目、四日目も同じようでしたが、押さえつけてもすぐに離れ、キャンディが部屋の隅に逃げると、にじり寄って近づきそっと優しく接するようになりました。するとキャンディは交尾に誘うような行動をとり始め、ジュンは陰部を覗いたり指で触ったりし、その後交尾へと進展しましたが、不完全なようでした。これはいい感じになってきたなと思っていた五日目の時、最初は同じパターンでキャンディを押さえつけに行きました。ところが、今度は以前とは逆の左腕を裂傷してしまい、その傷はかなり重く深刻な状態となったため、残念ながら同居より傷の回復を最優先することにして同居は傷の回復待ちとなりました。

魔の四日目は過ぎたけど…

2004年11・12月

ジュン（オス）と京都から来たキャンディ（メス）のお見合いは、その後も続きました。年が明けた二〇〇五年正月早々の六日には三回目の同居を決行しました。過去二回失敗した時に比べると、それまでは逃げまわっていたキャンディも五分ほどで騒ぐのをやめ、しばらく静かな時間が過ぎ、また少し抵抗して騒ぐ、という感じでした。小さな傷はできたもののジュンもさほど傷には興味を示さず、良い感じ。このままずっとこのくらいの感じでいけば、そのうちキャンディも抵抗して騒ぐこともなくなるだろうと思いました。というのも、過去二回は同居四日目になると大きな傷を負ってしまい、それがもとで見合い中止になってしまっていたからでした。

今回は魔の四日目を過ぎひと安心したのもつかの間、六日目に前回と同じ様な状況が起こってしまいました。ジュンが傷に興味を示し始め、また同居は中止です。しかし、傷は過去二回に比べると軽く精神的ショックも少なかったようで、五日ほどで以前と変わらぬ様子で私たちに接してくれています。四回目のお見合いは、暖かくなってからになりそうな気配です。ジュンはそうひどいことをするタイプではないので、なんとかキャンディが心を許してジュンに身を任せてくれれば見合いも成功すると思うのですが。二頭が放飼場で仲良く過ごしている姿を、一日も早く皆さんに見てほしいと思っています。

2　チンパンジー

新しい命に心救われる　2000年3・4月

突然、我々の無線に「大至急類人猿舎に来てほしい」の声。それは飼育担当者からでした。とても切羽詰まった甲高い声であったように記憶しています。

そう、今でも忘れられない。私が動物園に着任して七日目、突然の出来事でした。腰の無線を押さえ駆け足で類人猿舎に入るや否や、チンパンジーの寝部屋近くで突然立ち止まってしまいました。そこには言葉で言い表せないほどの張り詰めた空気が、私を立ち塞いでいたのです。

「ヨシミちゃん貸してちょうだい」。その声はベテランの八木獣医の声ですが、何かいつもと響きが違う、重苦しく押し潰したような声でした。やがて奥から彼女の両腕に抱えられて来たのは、頭部から血を流しぐったりしているチンパンジーの子供「オリーブ」でした。オリーブは聴診器を当てる間もなく息を引き取りました。惜しくも満一歳の誕生日を五日後に控えていた時の出来事です。八木獣医の目は今にもこぼれそうな涙をじっとたたえ、オリーブのあどけない目を見つめていました。その眼差しには奇跡でも呼び起こさんばかりの思いがこもっているようでした。

事故の原因は、父親カムイ（神威）と母親ヨシミとのトラブルで、間に挟まれたオリーブが犠牲になってしまったのです。しかしトラブルの理由は未だに解明できません。検死解剖を担当した私は、オリーブの顔を見ていると、ふと我が子の顔がオリーブに映ったような錯覚にとらわれました。この時どのくらいが過ぎたか、私には知る余地もありませんでした。

そっと瞼を手で閉じようとしましたが閉じてくれなかったことが、いまでも脳裏に焼き付いています。

三日後の四月十日。仲間のピーチがめでたく女の子を出産、名前は「リズ」と命名。リズの出生により担当者一同の心は少し和らいだように思えました。

それから一年、二〇〇〇年三月三十日の園内は桜も少しずつほころび始め暖かな日でした。チンパンジーの運動場でカムイがピーチの背中を奇声を発しながら蹴飛ばし、ピーチは胸に幼いリズをかばうように抱きかかえ苦痛に耐えている姿がありました。あの忌まわしい一年前の事故が誰しもの脳裏に甦ります。その日からカムイとピーチ（リズ）は別居。みんなが口を揃えて「カムイどうしたんだ。何が原因であんなことをするのだろう」。しかし、別居させたものの「これからどう対処したらいいのか」というのが一同の悩みです。

ピーチ親子はその後、ショックもあったせいか一時体調を崩しましたが、やがて四月十六日にようやく体調も回復し、カムイもいる運動場に親子一緒に出られることになったのです。しかし、再びトラブルが起きてはということで、交替で観察することにしました。

レーナは我が子と同じ　２０００年５・６月

レーナとの出会いは今から約二年半前になります。母親が抱き方が下手だったため、急きょ人工保育になりました。

誰もが知っての通り、チンパンジーは人間に一番近い動物です（チンパンジーのことをチンパン人という人もいるんですよ）。ミルクを与えるにも、人間の赤ちゃんと同じで四時間おきくらいで、一日に多いときで五回与えます（成長とともに回数は減ります）。自宅にレーナを連れて行くわけにはいきませんから、夜もミルクを与えに動物園まで来なければなりません。夜の動物園は真っ暗で妙に物静かだし、風が吹くと木がガサガサいって怖いというかあまり気味のよいものではありません。

レーナにとってそんなことは全然関係なく、せっかくミルクを与えに来たのに飲んでくれないことが多々ありました。眠い気持ちや飲みたくない気持ちも分からないでもないですが、こちらだって眠い目を無理やりこじ開けて来たんだから「飲んでくれ！」と何回叫んだことか。口の中に哺乳瓶の乳首を入れようとしても、口を真一文字に結んで頑として飲もうとしません。そんなレーナを見つめて、「あーあ、きょうもダメか。何で俺のときは飲んでくれないんだ」と独り言が絶えませんでした。

帰路につくときも「さっと夜中にお腹を空かして泣くんだろうな」なんて思いながら、自分に情けない気持ちでいっぱいでした。「風邪をひいたら薬を飲ませなければ」「そろそろ離乳の時期だからバナナを」と私にとっては乗り越えなければならない壁がまだたくさんあるのに。

最初のうちは、自分の気持ちに全くといっていいほど余裕がなかったせいか、すべてが空回りしていたように思えます。そんな私を目の前にして、レーナ自身もきっと困っていたのかもしれません。あるいは困っていたというより、困らせたかったのかもしれないけれど。

しかし、レーナと過ごす時間が増えてくると少しずつ改善の兆しが見られるようになりました。自分自身も徐々にではありましたが気持ちに余裕ができてきたし、レーナも少しずつ心を開いてくれるようです。先輩の飼育係には、「チンパンジーは上下関係、信頼関係を大事にする動物だから」と聞いていたので、「もしかしたら少しずつレーナとの関係がそういうふうになってきたのかもしれない」とも思えました。レーナにとっては私たち飼育係が親であり、仲間であり、ライバルでもあるわけです。

私がレーナにとって「どんな存在なのか」と考えたとき、レーナはきっと「私のお母さんです」と言ってくれると思いたいです。二年以上も一緒にいると、たとえチンパンジーの子供とはいえ、自分の子供と何ら変わりないように思えるのは自分だけでしょうか。レーナの前から少し姿が見えなくなるだけで泣くようになるし、怒っていることも分かるし、一緒にいれば喜んでいるし、本当に人間の子供と同じです。

今、私が一番レーナに望むことは健康で丈夫に育っていくこともそうですが、少し気が早いのですが、レーナが母親として立派に子供を育ててくれることです。そんな日を楽しみにしている今日このごろの母親代理です。

取られたスプーンはいつ戻る　2002年7・8月

先日、チンパンジーにヨーグルトを給餌中にスプーンを持っていかれてしまいました。しかも二歳になる子供のチンパンジーに…。

担当になりたてのころは、持っていかれることが何回もありましたが、ここ十数年はそんな失敗はしませんでした。言い訳をさせてもらうなら、母親の餌食いが少し気になり、ずっとそちらばかりに気を取られ、手元がお留守になっていたところ、横からすっと持っていかれてしまったのです。

子供はいい遊び道具ができたとばかり、スプーンをかんだり、檻にぶつけて音が出るのを楽しんだりしていました。まあ、取られても大丈夫なプラスチックのスプーンですが、それでも返して欲しいと思っても子供のこと、飽きるまで放すはずがありません。そこで母親に子供からスプーンを取り上げてもらおうと、スプーンを指差し、持って来るように指示しても、取ろうとはしません。自分が欲しいものなら、子供を泣かせてまでも取り上げてしまうくせに……。

しらんかお....
おーーい！
スプーン
返してくれよー。

母親がスプーンを持ったときに指示すれば、私のところへすぐに持って来るはずですが、母親はスプーンに全く興味がないらしく、見向きもしません。それでもしつこく私がスプーンを返して欲しいと指示していたら、母親はスプーンを持って来ないで、スプーンを持って遊んでいる子供を背中に乗せ、連れて来ようとしました。それはあたかも「あんた、そんなに返して欲しいなら、直接子供から返してもらえば…」という感じにとれました。

しかし、子供もたいしたもの、もう少しで私の手が届くという所まで来ると、母親の背中から降りて部屋の奥に逆戻りです。そんなことを二、三回繰り返したところで、私も朝になれば飽きて部屋の床に転がっているだろうと思い、そのままにして帰ってしまいました。

案の定、翌日、隣の部屋の床にスプーンは転がっていました。母親としては機嫌よく遊んでいるおもちゃを取り上げるには忍びなく、とりあえず子供をそっちに連れて行くから、それでもダメなときはあんたもそれで諦めな、ということだったのでしょうか。私は母親に引導を渡されたのでしょう。じたばたした自分が恥ずかしい。

3　ローランドゴリラ

不安いっぱいの再会　　2002年5・6月

二〇〇二年三月二十六日、私がこんなにも暗い気持ちで上野動物園を訪れた理由は、少し前に受けた上野動物園からの一本の電話にあります。それは、一九九九年七月九日に日本平動物園から上野動物園にブリーディングローン（繁殖のための貸出し）で預けているメスゴリラのトトに異常な出血が連続して見られ、検査の結果、尿からではなく子宮からの出血と判明し、詳しい検査が必要ということでした。

その検査の際に日本平動物園からも一名、立ち合いを求められたのです。その依頼を受けた時、私は驚くと同時に不安で胸がいっぱいになりました。子宮からの出血…。もしや子宮筋腫ではないか。最悪の症状が頭に浮かび、我が子のように育てたトトのことが心配でなりませんでした。仲良しだったトトと引き離したことで、寂しい思いをしたまま敗血症でこの世を去ったゴロンに何と言えばよいのだろう…。遠く離れた静岡でいくら心配しても不安は解消しないと思い、率先して私が立ち合いの依頼を受けることにしました。しかし、こんな形でトトと再会することになるとは、正直複雑な気持ちでした。何故ならば、私は繁殖計画が成功し、トトが出産をするまでは会わずにいようと心に決めていたのです。

昼過ぎに上野動物園に到着し、しばらく打ち合わせをした後の午後三時近くに検査が始まりました。メンバーは、私の他に上野動物園のゴリラ飼育担当者、獣医、そして今回は産婦人科の医者、看護婦に診断してもらうことになりました。類人猿は人間の体とほぼ同じ作りであるために、けがや病気によっては人間の専門医の協力により検査や治療をする時もあり、

当園でもゴロンが目と耳と歯を、オランウータンは内科医の治療をお願いしたことがあります。

　検査のためにはまずトトに麻酔を打たなくてはなりません。私はトトに意識があるうちはトトのいる部屋には近付かず、いつものモニタールームで経過を観察することにしました。麻酔はビニール管の中に薬の入った注射器を入れて吹き矢で打つのですが、以前にも麻酔をしているトトは獣医が近付いた時に感づいた様子で、落ち着きをなくし狭い部屋を動き回りました。人間でも注射は嫌なものですから、動物にとっては恐怖心すら覚えるのも無理はないでしょう。それでも麻酔なしに検査はできないので、予定通り注射器は吹き矢で打たれ、トトのお尻に命中しました。トトはすぐに注射器を払い除きましたが、薬は当たった瞬間に体内に入るために効き目は十分にあり、七〜八分後、トトは床に大きな体で横たわり動かなくなりました。それを確認してから私はようやく席を立ち、トトの元へと向かいました。モニタールームからトトのいるその部屋は目と鼻の先ですが、私には遠い遠い距離でした。複雑な再会ではありましたが、久し振りに間近でトトを見ることができ、胸が熱くなりました。

「寝顔、毛艶、体つき…あのころと何も変わっていない…」。私は少しでも近くでトトを見ていたいと思い、吸入麻酔をトトの口元に当てる係をかってでました。診察台が部屋の中に持ち込まれ、トトを五人がかりで台の上に乗せました。診察の間、私は右手で吸入麻酔の器具を持ち、左手でトトの首筋から頬をさすっていました。

「どうか、悪性な病気ではありませんように…。子宮筋腫ではありませんように…」

私はトトの頬をさすりながら、祈り続けました。しばらくすると、触診していた医者が明るい声で言いました。

「シコリは無いなぁ。ガンはないよ」

うつむいていた私は思わず顔を上げ、医者に尋ねました。

「本当ですか？　じゃあ、悪性の病気ではないんですね？」

医者は触診を続けながら頷きました。

「ええ。お腹に脂肪はほとんどないから、触っただけで分かりますよ。これならエコーを取るまでもありません。たぶん、出血の原因はホルモンのバランスが崩れたためでしょう。人間の場合同様、二カ月くらいで自然治癒すると思います。妊娠の可能性も失われていませんよ」

そこにいた全員の顔がぱっと笑顔に変わりました。私も張り詰めていた気持ちをホッと撫で下ろし、トトの寝顔を見つめました。

「トト、よかったな。悪い病気じゃなかったよ」

安堵感と共に熱く込み上げてくるものを感じました。繁殖計画が続けられることも喜びでしたが、何よりトトが健康でいてくれることが嬉しかったのです。

「トト、今回は複雑な再会になってしまったけれど、今度会うときは赤ちゃんを抱いた姿を見せてくれよ…」と、いまだまどろみの中にいるだろうトトに思いを馳せながら東京を後にしました。

第三章　肉食動物　強烈な存在感、繊細さも

1　ライオン

夫婦の心のつながり強く　２００４年１・２月

二月のある日、オスのトサの具合が良くないという知らせを受け、ライオン舎に向かいました。以前から足腰に老いを感じさせていたトサでしたが、見ると伏せをしてハアハアと苦しそうに呼吸をしている状態でした。

よく言われるように、野生動物は限界ギリギリまで自分の弱った姿を見せようとしません。野生でそのような姿を見せれば、捕食者に襲われ死を意味するからです。そのため、普段の観察がとても大切で、「あれ、いつもとなんだか様子が違うな」というときは要注意。野生からの使者である彼らに少しでも快適に暮らしてもらえるよう、そして皆さんに動物たちの元気な姿をご覧いただけるように、飼育をする上で普段からさまざまな心配りをしていますが、万が一の病気に備えて「早期発見・早期治療」が私たちの合い言葉になっています。

トサは腸炎を患っており、老衰も重なって治療の甲斐もなく餌を食べなくなって四日で亡くなりました。朝、水飲みの方に向かって倒れていたトサを発見した飼育係の一人が、「最期に水を飲みたかっただろうから、死に水をあげてやって」と言った言葉が胸をつきました。

トサの死が一番こたえたのは、おくさんのエンジェルでした。トサの死後間もなくして、エンジェルがトサを探しているようだと飼育担当者から聞き、気にかかりました。数日して、トサがいなくなったことを悟ったのでしょうか、エンジェルは食欲がなくなり、一日中寝ていることが多くなりました。夕方の閉園後、寂しそうな顔をしたエンジェルは展示場に出たまま、寝室の中にも入らない日が続きました。過去の飼育日誌を見てみると、トサも以前のペアのメス、シャイが亡くなった後、しばらく食欲がありませんでした。群れで生活する動物の「心のつながり」をそこに見た気がしました。

エンジェルは一週間待っても餌を食べず、麻酔をかけて点滴と検査を行い、入院しました。極度に脱水している状態でしたが、入院中飼育担当者の献身的な看病のお陰で餌を食べるようになり、元気を取り戻して無事に退院しました。新しいオスが来園し、お見合いを始める予定です。

トサ、十八年間ありがとう。

エンジェルは、新しいオスのキングとのお見合いも順調に済み、一緒に仲良く暮らしています。私たち飼育係が動物たちの愛のキューピッドになればいいな、と願っています。

◇

迫力の食事風景　２００６年５・６月

ライオンの迫力ある食事風景をお客様に見せたいと以前から思っていました。しかし開園時からの獣舎は古く、また窓ガラスが、地震対策で十八年前に張ったフィルムの劣化で見にくいこと、見る場所が狭いこと、餌入れがキーパー通路側にあって餌を落とす構造のためにお客様側からはライオンのお尻を見ることになる―など多くの問題がありました。それでもライオンを入舎させると急いで裏側に回って食事風景を見る方が多くあります。そのため、時々お客様の少ない時に「ライオンを部屋の中に入れますので裏側にお回りください」と声をかけて餌を見える場所に置き、見ていただいたところ大変喜んでくださいました。

そこで夏になったころ、見にくい窓のサッシをライオン、ジャガー、トラのところまで外してオープンにすると、かなり広いスペースで見ることができました。さらに本格的に見せるため、ジャガーの前にライオンの型を切り取った看板を立て、餌を食べる写真と案内、時

夕食の肉にくらいつくライオン

間の表示をしました。平日は午後三時、土日祝日は四時の案内です。平日は園内放送をかけたりしますが、土日祝日は時間になるころにはかなりの方が待っていて、見る場所が一杯になります。

どんな感じで行っているかというと、最初に餌などのミニガイドをします。その後に、お客様が多いときは「お子さんは前列にしてあげて下さい。前の方は低くして皆で見られるようにしましょう」と声をかけてから、ライオン、ジャガーを部屋の中に入れます。特にライオンのオスが目の前に入ってくると「オー」と歓声がして餌を食べる姿に皆さん感動しています。しかし、発情時にはオスは部屋に入ってくるのにも時間がかかり、部屋に入ってもメスの方をのぞいて食べないこともあります。そんな時はお客様もガッカリしているようです。

また、餌を食べて十分くらいすると満腹感と縄張りの主張のためと思われる鳴き声も聞かれ、人気があります。部屋の中なので声が響き、迫力のある鳴き声を聞いて遠くに行ってしまったお客様が戻ってくる姿も見られます。また、小さなお子さんはその鳴き声で泣き出してしまうこともあります。

そんな迫力ある食事風景を近くでぜひ一度ご覧ください。

2　アムールトラ

シマジロウのお散歩

2003年9・10月

十一月三日、雨。この日をもちましてご好評いただいた「シマジロウのお散歩」は終了しました。散歩で一気に人気者になったアムールトラのシマジロウのこれまでの成長を振り返ってみますと――。

シマジロウは、六月二十八日午前九時三十分に産声をあげました。今まで、母親のナナは三度の出産がありながらもそのすべてで育児がうまくいかず、子供が死亡していました。主な死亡原因は、子供をくわえる際に力の加減が分からないのか、胸のあたりを強くくわえ過ぎ、内出血死してしまうということです。ほぼ出産予定日（トラの妊娠期間は約百日）に生まれた子供は一頭、今までの三回では三頭・二頭・二頭といずれも複数の子供が生まれていたのに、その時はこの子だけでした。

なるべく母親のナナを落ち着かせてあげようと極力遠くから見守っていたのですが、またもやナナは同じように子供をくわえては離し、また子供が鳴くとくわえては離しと、とても授乳する仕草は見られず、このまま母親の元につけておけば今までのように死亡するのは明らかと判断せざるを得ない状況になりました。獣医と相談し、もう親から取り上げるしかないとの結論になり、午後一時三十分に親元から離し、私のところにやってきました。

取り上げたときの体重は１３８０グラム。まだ目も開いておらず、ヘソの緒もついたままの状態でした。でも、足はネコと同じ仲間と言えどさすがにトラの子、とっても大きく、模様も親とそっくりでしっぽの輪っかまでしっかり同じシマシマでした。そしてこの男の子に名前を付けました。「シマジロウ、今日からよろしくな。大きくなれよ」。

こうして人工保育（飼育係の手によって育てること）になったシマジロウ。本人、人の苦労を知ってか知らずか相変わらずの子ネコちゃん顔…。シマジロウの哺乳は一日五回。朝は

六時に始まり、夜は十時でした。毎夜十時にミルクをやりに動物園に再度出勤するのは結構、いや実はかなりつらいことでした。

成育途中、生後三カ月が経ったころ、シマ（シマジロウの普段の呼び名、以下シマとします）は体調を崩してしまいました。飲んだミルクを吐き戻してグッタリし、このまま息を引き取ってしまうのではないか、そんな日々が何日か続きました。獣医が毎日懸命に看病してくれ、良い薬を注射してもらったシマは日に日に元気を取り戻していきました。そして毎日の日課、シマの運動を兼ねて動物病院の裏山の小高い丘をかけっこ。まだ幼くフラフラした足取りのシマは、走る私に置いて行かれないよう必死になってチョコチョコと付いてきました。

九月十三日、「シマジロウのお散歩」は秋の動物園まつりの飛び入りイベントのごとく始まりました。毎日午後二時からわずか十五分程度ですが、正面入り口のわきにスペースを作ってもらい、シマをお客様の前に連れて行き皆さんに楽しんでいただこうというものでした。初めのころ、シマは生後二カ月半ほどでまだまだ幼く、お客様の前へ行くにも抱いて行かなければならず、ヨチヨチした足取りでした。顔つきもあどけなく、お客様からは「かわいいー」「触らせて」という声が聞かれ、シマをとっても可愛がってくれていました。「シマジロウのお散歩」は新聞やテレビでも取り上げていただき、園内にも実施時間の掲示をしたり、さらには私自身もシマと一緒に写っている写真を駅の地下道に張って宣伝したりしました。

その結果、シマの人気は日を追うごとにかなりのものになっていきました。メーン会場に登場したシマに対し、お客様はヤンヤヤンヤの大歓声、さてこれからがシマと私の見せ所となります。いかにお客様に興味を持ってもらい、その場を盛り上げられるか。そんなシマと私との日々が約二カ月間続きました。

十一月三日、秋の動物園まつり最終日。いつもなら人だかりになるであろうその日は雨。「シマジロウのお散歩」はひと区切りになりました。もうシマは立派に成長し、体重も約20キログラム。どこから見ても立派なアムールトラの姿です。

思いがけぬ場所で三頭出産

2004年11・12月

　いよいよ三匹の子トラちゃんが待望のデビューです。公開は新年最初の開園日、一月二日から始まりました（※この号は一月発行）。二〇〇五年のスタートからこのような三頭の子トラのやんちゃで遊び盛りな、本当にかわいらしいしぐさをたくさんのお客様に見ていただけて、担当の私としてはまさに「飼育冥利に尽きる」という感じであります。

　母親のナナは今回が六回目の出産で、今までの四回は出産してからわずか三日くらいの間に子供が死んでしまうという最悪の結果に終わっています。そこで、今回は今までの失敗の反省を踏まえていくつかの改善を試みました。その主たるものが部屋の引っ越しでした。それまで住んでいた部屋は父親のトシと隣り合わせの部屋で、その間の窓をベニヤ板で隠しても、隣にトシがいるとどうしてもそわそわして落ち着かない様子です。そこで、一番奥の部屋にナナを移してトシとの間に空き部屋を設け、ナナを極力安静でくつろげる状態にするよう努めました。

　このように万全の出産体制を整えていたつもりでしたが、しかしながら…裏話なのですが、とんでもないミスを私は犯してしまいました。それは出産予定日（トラの妊娠期間は約百日）を二日過ぎた日のこと。後で考えればもういつ出産してもおかしくない状態であったに

アムールトラの子供

もかかわらず、まだナナの様子に特別変化がなかったため、前日与えた餌が少し残してあったので部屋の清掃をしなければと一度ナナを通路へ出し室内を清掃しました。その後、ナナを部屋に入れようとしましたが、ナナは一向に部屋に戻ってくれません。仕方がないので後でまた入れようとその場を一旦離れ、一時間半ほどしてまた戻ると、どこからか「ミャア」という聞き慣れない怪しい声。初めは同じ棟に住んでいるピューマのメスの声と思い、「おいおい、びっくりさせるなよ」と言ったのもつかの間、一歩階段を上り部屋の方へ向かうと、またもや「ミャアー」という声。今度は完全に今ナナがいる通路の方から鳴き声が聞こえてきました。まさか…？

そのまさかでした。通路内は真っ暗で何も見えませんでしたが、「ミャア」というその声は、ナナの声とは明らかに違う、紛れもない子トラの鳴き声でした。私がその場を離れているうちに、何も出産準備がされていない通路内でナナは出産してしまったのです。今まで五回も落ち着かない状況での出産で失敗してきたので、今回は万全と思っていたはずが…。「ミャアミャア」という声を聞きながら、「ナナのバカバカ」とついついナナに当たってしまいました（ナナちゃんごめんね、僕の方が悪いです）。

それから獣医といろいろなケースを想定しながら話し合い、とにかく子供を人間の手で捕まえてでも寝室に戻さねばということになりました。ナナが産んだ子供を自分で寝室に運んでくれればそれがベストでしたが、とてもそんな感じはありません。仕方がないので他の部屋にナナをなんとか入れ、文字通り「虎穴に入らずんば虎子を得ず」状態で、私が虎穴、いや通路に潜り子トラを捕まえようと手を伸ばすと、一つ、二つ、ん⁝…三つ！　なんと子供は三頭もいたのです。今回、ナナのお腹のふくらみは見た目に大きくなかったので、おそらく子供は一、二頭と思っていましたが、まさか三つ子だったとは…。三つ子を抱えて通路から寝室へと運び、次にナナを子供のいる寝室に移しました。

今回またこんなドタバタした状態で果たしてナナが子供の面倒をみられるのか。冷や冷やしながらそっと様子を見ていると、またもやナナが子供をくわえてウロウロする仕草が…。もうこちらは胃がよじ切れるような、寿命が縮まる思いでした。しかし、もうこうなったらあとはナナの母性愛に任せるしかありません。とにかくそっと安静にしておきました。それからナナは、六回目の出産ということもあって、こんな状態にもかかわらず落ち着きを取り戻し、見事授乳に成功！　三頭の子トラがしっかりとナナのお腹にくっつきおっぱいを吸っている姿を見た時には本当に感無量でした。

三頭の名前は公募で男の子は「スルガ」くん、女の子は「アオイ」ちゃんと「マリン」ちゃんと決まりました。これは四月から政令市になる静岡市の三区の名前からきています。清水の方々には本当に申し訳なかったのですが、清水にちなんだマリンちゃんになりました。

子トラ三頭の旅立ち

2005年7・8月

六回目の出産でやっと母親らしく子育てができるようになったナナの元、三頭の子トラ「スルガ・アオイ・マリン」は順調に育ちました。三頭が遊ぶ姿はいつまで見ていても飽きることはなく、来園者はトラの運動場に釘付けでした。

この夏、子供たちはお婿さん、お嫁さんとして、新しい動物園で暮らし始めました。彼らの成長の様子を振り返ってみたいと思います。三頭の様子は個性的でした。母親にベッタリのオスのスルガ。ナナが走るとそれについて走り、ナナが横になって尾を振るとそれにじゃれたり。ナナもスルガをくわえたり押さえつけたりして遊んでいました。

アオイとマリンはメス同士。走り回ったり、木の枝を取りそれをくわえて引っ張りあったりして遊びます。来園者に名前を聞かれた時には「お母さんの近くにいるのはスルガ、二頭で遊んでいるのがアオイ、マリンです」と説明しやすかったです。

遊んで腹ペコの三頭は、夕方の入舎の時には一目散に部屋に駆け込み餌を食べ始めたものです。食べるのに一番強いのはやはりオスのスルガ。皆が食べられるように四カ所に分けて餌を置くのですが、他の個体が餌を食べようと近づくと吠えて威嚇していました。母親のナナは、子供たちが食べるのを横になって見ています。本当なら食べたくてしょうがなかったと思いますが、じっと待ち子供が遊び始めると残っている餌（馬肉・鶏頭）を食べるのです。その後、お腹が一杯になった三頭は、横になっているナナの背中に乗ったり尾にかみついたりして遊びました。

運動場での遊びも大胆になり、観覧通路と運動場を仕切っている堀の縁から今にも落下しそうなことがときどきありました。そこで、落下してもけがのないように堀の中間に幅一・五メートルのネットを張りました。これが功を奏したことが二度ありました。最初はアオイ。遊んでいるうちに縁にぶら下がる状態になったことが何回かあり、ついにある日勢い余って落下してしまったのです。その二カ月後、今度はマリンが落下しました。しかし、二頭ともネットのおかげでけがもなく、堀にある階段を自力で登ってきたので、救出することができました。

　生後八カ月が過ぎ、そろそろ他園に行く話が決まり始めました。アムールトラは希少種です。しかし、国内での繁殖がなかなかうまくいっていないので、「子供たちを是非うちの園に！」というオファーがいくつもの動物園から来ました。最初に、長野市茶臼山動物園にスルガが行くことになりました。

　このために、ナナと子供たちを分けることにしました。夕方の入舎の時に部屋を分けると、普段は餌をすぐに食べる子供たちが、ナナの部屋を気にして餌を残すほどでした。それから数日間はそのまま分けて飼育しましたが、母親がいない遊びは静かなものです。その後、スルガの出園のために、アオイ、マリンとスルガを分けると、恐怖から今まで聞いたことのない鳴き声で吠えまくりました。ナナはその時運動場にいましたが、部屋を気にして落ちつかない様子でした。

その後、ナナは横の部屋で一頭少なくなった子供を心配そうにのぞいていました。二頭になった遊びは、三頭の激しい遊びからおとなしい遊びに変わりました。その後、アオイが京都市動物園、マリンが豊橋動植物園に行くことになりました。それぞれ新天地で元気に暮らしているようです。

ナナは三頭がいなくなった部屋を寂しそうにのぞき込んでいる日が続き、数日後オスのトシと同居しましたが、トシが近づくと威嚇し近くに寄せない状態が現在でも続いています。最近は少し仲が良くなりそうな気配もあるので、そのうちに仲むつまじい状態に戻れば、七回目の繁殖も期待できると思います。

待ち遠しかった出産　2006年7・8月

二〇〇六年になり、またしてもナナが妊娠してくれ、出産準備にとりかかることになりました。今回も静かな環境づくりに努め、さらに部屋の天井部にモニターを設置して外からの観察ができるようにしました。五月上旬から出産の準備として、オスと離した生活と産室に慣れることを始め、続いて放飼場には出さずに産室の中だけの生活にしました。今までの出産は最終交尾から百三‐百九日の間が多かったので、交尾から百日目ごろからそろそろ出産かと毎日待ち望みました。

動物の場合は満潮の時間に生まれることが多いという話から、新聞で清水港の満潮時刻を見て出勤、その時刻になるとトラ舎を楽しみにのぞきました。妊娠百五日目の五月二十三日は満潮が午後二時二十分とありました。朝からナナは鳴いたり陰部を舐めたりする行動がみられ、もしかしたらと注意しながら部屋を見に行ったところ午後一時三十分に一頭が生まれているのを確認しました。その後三時四十五分に二頭を確認し、合計三頭の赤ちゃんの誕生です。とにかく安静にしてナナが落ち着いて授乳できるようにと、トラのオスとピューマの清掃は止めておきました。ナナは子供をくわえて並べたりして授乳し面倒をみていました。

三日目ごろから二頭の授乳は見られましたが、一頭は離れた場所にいることが多くなり、二頭に比べ小さく動かない状態になりました。五日目になるとさらに衰弱している様子だったので、獣医と相談しナナを子供から分け、部屋に入ると子の体は冷たくお腹はぺったんこで授乳されていない状態でした。そこでナナには二頭の子供を託すことにしました。二頭ともオスでした。

お客様にも産室の様子を見て頂こうとピューマ舎横にモニターを置くことにしました。しかし、白黒モニターで子供はほとんど動かないので、最初のうちはどこにいるのか分からない状態でした。四十日日を過ぎると体も成長し動いているのでよく見えるようになりました。順調にいけば、八月に母親と二頭の子供が放飼場に出て、皆さんにお披露目できると思います。

3　シンリンオオカミ

夕方、飼育係との持久戦　2001年7・8月

二カ月前にシンリンオオカミが猛獣舎ゾーンからクマ舎へ引っ越ししてきたのですが、オスのバロンは新しい環境になかなか慣れてくれず、ただいま少々手こずっています。では、何に手こずっているかと言いますと、夕方、放飼場から寝室へ入れる時が一番手こずるのです。出入口の扉を降ろして収容するのですが、その時「ガタガタ、ドスン」という音がするのです（なにせ三十年前の施設なので…）。この音がバロンにとってはすごく怖いようで、寝室になかなか入って来ようとしません。

警戒心の強いバロン

さあ、夕方のこの時間からバロンとの持久戦が始まります！　当初は、入舎の際「バローン、おいでー」と、声をかけて入って来るのを待っていたのですが、「部屋の前にいる人＝出入口の扉を閉める人」と頭の中にインプットされてしまったようで、警戒して絶対に入って来ません。そこで、バロンに分からないように気配を消して、入ってくるのをジッと待ちます。部屋の中に餌があることを知っているバロンは中に入りたいのですが、出入口のシュートの扉が気になってなかなか入ろうとしません。まず、扉の辺りを警戒しながらクンクン嗅いだり、キョロキョロ覗き込んだりして、扉が降りてこないことを確認します。

それから、体を緊張させ、頭↓前足↓胴体↓後足↓尻尾の順で前に少し進んだり、すぐに後ろに引き下がったりしながら恐る恐る入ってきます（まさに一歩進んで二歩下がると言った感じです）。

ここで徐々にでもそのまま入ってくれれば良いのですが、どこかで物音がすると、ピューっと出ていってしまいます。そんなことを何度も繰り返しているうちに、時間ばかりが経ってしまい、とてももじれったくなります。でも、ここで焦るのは禁物です。焦ると気配を察して入ってこなくなります。気持ちを落ち着かせ、息を潜め、ようやく入ってきたところを、こちらの気配を悟られないようにして一気にシュートの扉を降ろします。と、まあ、こんな持久戦の日々が、かれこれ二カ月以上も続いています。そして、バロンの警戒心はいまだ解けず、今日もまたバロンとの持久戦が始まるのでした…。

◇

それから月日が経ち、バロンは元居た猛獣舎にまた戻ったのでした。クマ舎の担当を外れた私でしたが、今度は猛獣舎の担当となり、またまたオオカミの飼育をすることとなりました。クマ舎でのバロンとの持久戦の経験から「入舎させるのに、また手こずるのかなぁ」と悩んでしまいました。でも、その心配とは裏腹にバロンはスムーズに入るではありませんか。やはり、「所変わればなんとやら…」なのですかね。

4　ジャガー

ナイーブな性格、胃腸薬放せず　２００４年７・８月

大変な猛暑で動物たちもまいっていましたが、暑さ以外でまいってしまい、私たちを心配させている動物がいます。

動物園の門をくぐり、ニホンザルやチンパンジーたちの前を過ぎると、坂を上りきった正面にいるのが、ジャガーのアラシ（オス）とキコ（メス）の二頭です。アラシはジャガーの中でも珍しく全身黒色なので、黄色に黒色の模様のキコと見比べて、「クロヒョウとジャガーが一緒にいるよ！」と間違えられることがありますが、よく見ると、黒色の中にちゃんとジャガーの模様があるんですよ。今度ぜひ見てください。アラシとキコは、昨年五月にアメリカのオマハ市ヘンリードーリー動物園から来園した、どちらも現在三歳の若い個体です。二頭は、体をなめ合ったり寝転がったりと、とても仲良く暮らしています。

さて、そんなジャガーですが、メスのキコは実はかなりナイーブな性格で私たちを心配さ

せています。突然ですが、皆さんのストレス解消法は何ですか。動物は、人のように買い物に出掛けたり、お酒を飲んだり、カラオケで歌ったりすることはできません（しないでしょうけど）。キコはストレスに弱く、大きな物音がしたり、工事が入ったり、とにかく何かあるとすぐに胃にきてしまう傾向があるのです。今年の夏の「夜の動物園見学会」でも、キコの調子が悪かったときには展示を控えました。

　そのため、キコは胃腸薬がなかなか手放せません。飼育担当者が「今日は顔つきが違うので食べないかもなあ」とか「今日の感じはまだ余裕がありそうだよ」とキコの代弁者になって教えてくれますが、調子が良くなっていざ投薬を止めると、急に食べなくなったり、吐いたり、下痢をしたりするので、一喜一憂です。こちらも胃が痛くなってしまいかねません。

ストレスの要因の一つになったのが、隣の寝室にいたライオンのキング（オス）の存在です。寝室間には小さな窓があるのですが、隣にライオンのオスの大きな顔が見えるとびっくりするので、板を張り付けて見えないようにしていました。しかし、元気者のキングが勢い良くその板をガリガリガリガリとたたくので、怖い思いをさせてしまったようです。そのため、飼育担当者が機転をきかせ、その窓をコンクリートで塞ぎ、さらには部屋を一つ遠いところに換えました。その後、落ち着いたようで調子が良かったのですが、先日アラシが爪とぎをしていたはずみに展示場の止まり木を倒してから、また調子が悪くなってしまいました。キコが安心して生活できる環境を整えてあげられるようにしなくてはいけません。

キコを見つめては「キコちゃん、お願いだから食べてね」と言い聞かせる（お祈りをする？）毎日です。

5　ホッキョクグマ

28年間動物園を見続けてきたジャック　2002年1・2月

日本平動物園で長年親しまれてきたホッキョクグマのジャックが一月に亡くなってしまいました。ジャックはメスのピンキーと一緒に、開園から五年目の一九七四年六月十一日に日本平動物園へやって来ました。

当時はまだ子供で、白い縫いぐるみのように愛らしく人気の的だったそうです。それから二十八年の長きにわたってこの動物園を見続けてきたわけです。「あの飼育係は若いころはああだった…。この飼育係は自分が育ててやったお陰で今は立派に一人前になっている」などと昔を振り返りながら過ごしていたのかもしれません。

ジャックは昨年の夏以降、痩せた姿がめっきりと目立つようになりました。検査の結果、肝臓の腫瘍の疑いが持たれ、治療の甲斐なく死亡してしまいました。生息地である厳しい極北の地の気候に近い一月の寒い日に、ジャックは先祖の待つふる里の地へ旅立って行ったのです。

ピンキー、長寿日本一を更新中

2006年1・2月

現在、全国二十七の動物園で五十三頭のホッキョクグマが飼育されています。全世界でも四百頭ぐらいしか飼育しておらず、その数も年々減少して世界的にもとても希少な動物です。当園では二〇〇二年にオスのジャックが亡くなり、それ以来メスのピンキー一頭だけを飼育しています。

〇四年に関西の動物園で飼育されていた三十四歳のメスが死亡したため、今まで国内長寿二番目のピンキーが長寿日本一となりました。野生下でのホッキョクグマの平均寿命は二十五年くらいと言われており、一九七四年に来園したピンキーは推定年齢が今年六月で三十二歳以上になります。

人間に例えると優に百歳以上です。最近では寄る年波には勝てず、年齢相応の風貌となってきましたが、食欲旺盛、足取りもしっかりしており、まだまだ現役長寿日本一を更新中です。

ところでピンキーの名前の由来ですが、来園当時に人気歌手グループだった「ピンキーとキラーズ」から拝借しました。〽わっすれられないの一あの人が好きよ一の「恋の季節」で日本中を沸かせていた人気にあやかったのです。

ピンキーの長寿の秘けつはどこにあるのだろうと考えたところ、他園のホッキョクグマは肉類中心の食事メニューですが、ピンキーはちょっと風変わりなところがあり、肉より煮たサツマイモ、それにニンジンなど甘いものが大好物です。他にも馬肉、鶏肉、パン、白菜、リンゴなどもよく食べてくれます。この食事のバランスの良さが長寿の秘けつかな、と思ったりしています。

動物園では来園者が帰ってからも飼育係泣かせのエピソードがあります。閉園後、ほとんどの動物たちは寝室に収容されるのですが、ピンキーは夏場、なかなか寝室に入ってくれないことがあります。それは寝室が暑いためで、部屋に置かれた餌は食べたいが入るのは嫌だ、と餌を前足で取りつつ片方の後ろ足を扉の外に残して閉めさせないようにするのです。大好物のサツマイモを点々と置いたりして、一瞬のすきを突いて扉を閉めるタイミングを探すのですが、長いときは数時間もかかることがあります。

6　アムールヤマネコ

ハネムーンベイビーの「ミカン」　2006年3・4月

当園では一九六九年の開園以来、それぞれ別々に建てられていた夜行性動物館と熱帯鳥類館を取り壊し、一九八三年に一階に夜行性動物館、二階に熱帯鳥類館を合体させた施設を建設しました。それ以来、ベンガルヤマネコを飼育し、これまでに計七頭の繁殖に成功してきました。しかし、一九九二年にメスが死亡し、二〇〇四年には残されたオスも寄る年波に勝てず死んでしまいました。

その後しばらく空白の時が過ぎ、何とかヤマネコの展示を復活させたいと手を尽くした結果、二〇〇五年九月末に、東京都井の頭自然文化園からアムールヤマネコのつがいを迎え入れることができました。アムールヤマネコは今まで飼育していたベンガルヤマネコの一亜種です。

健康状態の観察とオスメスのお見合いをかねて、展示室内でそれぞれをケージに入れた状態で約一カ月間検疫しました。その間に、小玉石を使って石垣造りの巣穴を完成させ、十一月上旬に同居展示を始めました。それからは、飼育担当者が清掃などで展示室に入るとき以外はオスメス共に巣穴に入ることはありませんでしたが、年が明けた一月二十七日から、給餌時を除きメスが終日巣穴にこもるようになりました。

かわいいアムールヤマネコの赤ちゃん

普通、このような状態になると第一に繁殖（出産）を考えますが、同居してからわずか二カ月半で？と半信半疑でいました。もしかしたら出産したかな…と淡い期待を抱いていたところ、約一カ月後の二月二十六日に、巣穴からメス親に続いてよちよち歩きの子が姿を現しました。巣穴がよほど気に入ったのか、妊娠期間から逆算しますとハネムーンベイビーの誕生というところでしょうか。以後、日増しに成長し、一日数回巣穴の外に出てくるようになり、一カ月経過したころには立木丸太の最上段まで登るようになりました。

当園にとっては何年ぶりかの繁殖ですので名前を公募することになりました。しかし、まだ性別が判明していないので選考は頭の悩ませどころです。はるばる東京都から静岡に転居してきて初の子ということなので、静岡にちなんだ名前の中からオスメスどちらにつけても可愛らしいということで選んだのが「ミカン」という名前です。

姿を見せ始めてから一日数回しか出てこず、なかなか姿を目撃できずにいた来園者も多くいたと思いますが、約二カ月になった今では日中三、四時間ほど外へ出てきていますので、これからは成長に伴い、より多く姿が見られることと思います。半年も経てば、親と同様の大きさになるので、親子の区別がつかなくなってくることでしょう。

7　カリフォルニアアシカ

突然の食欲不振に苦心の投薬　2003年1・2月

その日は突然訪れました。二〇〇二年の十二月二十四日、カリフォルニアアシカのオスがある日を境に動作が緩慢となり、「餌のサバなどを採食する時、何か様子がいつもと違い食べ方に力が入っていない」と担当の飼育日誌に書かれていました。翌日には、「餌を飲み込む際、かなり苦労している」とあります。

　カリフォルニアアシカは一九八七年生まれ（十六歳）の父親グリアンと一九九二年生まれ（十一歳）の母親ミディ、二〇〇二年生まれ（一歳）の子供ワールドの三頭で暮らしています。年が明け〇三年の正月を迎えるころになってもオスの動きが少し緩慢で、餌の魚を一度くわえ直してから食べる仕草が続いていました。このため採食量も少しずつ落ち、一月七日ごろには、午前午後合わせて八尾しか採食しなくなってしまいました。このころの採食状態は、口にくわえ直すがその後うまく飲み込めず諦めてしまう状態です。普段ならオス、メス合わせて一日にサバを二十キログラム、アジを四百グラムほど食べていたのが、今では……。

　このためか体つきを見ると少し痩せ、皮膚の張りと艶が落ち、目にも精彩がなくなってきた感じがします。せめてもの救いは、母親や子供に特に異常は見られず元気なことでした。このころから投薬を開始しましたが、原因が判明しなければ的確な薬を処方することができません。口の中、咽に何か異物が刺さったり詰まっていないか、口の中が腫れていないかと何回となく給餌の時に口の中を観察しますが、咽の奥までは見ることができません。こんな時、麻酔をかけて内視鏡で観察できたらいいな…。それよりまず、現状の病態から推測できる処置として感染症の予防、炎症の緩和などを考慮した抗生剤、消炎酵素剤、胃粘膜保護剤などを大きなカプセルに充填し処方することにしました。

水族館などのアシカはショーのためのトレーニングを積んでいるので、直接注射や採血が可能です。当園でもある程度の馴致はできていますが、数分間不動の姿勢をとることは難しく、また体重が200キログラム以上ですから注射もかなりの量になります。投薬方法は、大きなカプセルをサバの中に埋め込むことにしましたが、ここで問題が発生。それは一回に十尾以上を与えても、そのうちの数尾しか採食してくれないため、確実に規定量の投薬ができるとは限りません。実際、半量の投薬しかできない日が続きました。そんな苦悶の中、小アジなら小さくてうまくいくかもしれないと挑戦はしたものの、やはりうまく食べられません。サバを輪切りにして試したこともありますがこれも失敗。よくよく観察してみると、口の中に魚を入れ、食べたい気持ちはあるのに何故かうまく飲み込めないような状態です。

投薬方法で一喜一憂していた時、ベテランの獣医が一言。「イカで試したらどう」。この一言アドバイスで今回の危機は乗り越えられました。一杯、二杯とその量は少しずつ増え、投薬もスムーズにいき、やがて体力の回復と共に薬効もあり、サバ入りのイカから小アジ、そしてサバだけの採食とその量も次第に向上してきました。「やれやれ今回の採食不良の原因はいったい何だったろう」と安堵の溜息だけが残り、とりあえず収まりました。

母親が水泳の英才教育　2003年5・6月

七月一日にグリアン（オス、十六歳）とミディ（メス、十一歳）の間に五番目の子供、愛称「エース」が誕生しました。ミディに出産の兆しが見られてからもなかなか生まれず、私たちをやきもきさせていましたが、新しい月の始まりの早朝に元気な赤ちゃんを出産してくれました。「一日生まれ」とかけて「動物園のエースになってほしい」という思いを込めて、「エース」と名付けました。お兄ちゃんのワールドも含め、これでアシカ池の仲間は四頭になりました。

エースが生まれる前、アシカ池ではちょっとした騒動がありました。その日はちょうど土曜日だったので、たくさんのお客さんが見守る中、その「捕り物劇」は行われました。前年の六月生まれで一歳になったばかりのワールドは、お母さんのミディが次の子をもうすぐ出産するというのに、ミディに甘えてばかりでした。数日前からは、あまりに構って構ってとしつこくなってきたので、そのうちに怒ったミディがワールドを追いかけ回すようになりました。それはまるで、親離れを促しているかのようです。

何日間もそのような状態が続いたため、ミディに安心して出産、子育てをしてもらうために、ワールドを離すことに決めました。プールの水を抜き、飼育係が三人がかりでワールドを捕まえて隣の小プールへ移動させ、間仕切を閉じて行き来ができないようにしました。分けてからしばらくは、ワールドがミディに向かって大声で鳴きながら、プールを隔てる柵の間から大プールをのぞき込んだり、壁によじ登ろうとしたりする様子が見られ、こちらもいささか切ない気持ちになってしまいましたが、現在ではいまだミディにアピールする様子は見られるものの、だいぶ落ち着いてきたようです。

さて、今ではすっかり泳ぎも板に付いてきたエースですが、当初の予想を上回り生後四日目からプールに入る成長の早さで、私たちをびっくりさせてくれました。その日の午前中、プールの中央にある島の部分にミディと一緒にエースが寝ているのを発見、びっくりしたの

もつかの間、一時間後に見に行くと今度はプール奥の陸上部にある飛び込み台の下で、またしても二頭が一緒に寝ていました。

まだ泳げないだろうにどうやって島に渡ったのだろう？と皆で首をかしげていたところ、翌日の夕方、陸上にいるエースに向かってプールの中から尾びれを差し出しながら鳴いているミディの姿が見られました。それはまるで、プールにおいでよーと誘っているかのようです。そしてその一時間後に、またしてもエースは島にいたのです。「きっとミディが背中に乗せて運んでいるんだよ」「いやいや口でくわえて連れて行くのさ」とさまざまな憶測が飛び交いました。

その答えは次の日に判明。少しおぼれ気味によたよたと泳ぐエースと、そのそばで時々前鰭で支えたり、または背中に乗せるようにして下からおぼれないように軽く持ち上げたりしながら泳ぐミディの姿が観察されました。エースが陸に上がる時も、ミディは上半身をプールから出して前鰭や胸でエースを支えながら上がりやすいように助けてあげていました。ミディは過去に育児放棄歴があるのでしっかり子育てをしてくれるか心配していましたが、その献身ぶりに「さすがミディ、よくやった！」と思わず声をかけたものでした。これからのエースの成長が楽しみです。

離乳訓練は金魚との追いかけっこ　2004年3・4月

午後三時ごろになるとプールの前に人だかりができる動物…、そうカリフォルニアアシカです。現在当園にはオスのグリアンとメスのミディ夫婦が生活しています。グリアンはとってもおおらかな人なつっこい性格ですが、ミディはちょっと気まぐれで、何が気に入らないのか、突然ぷいっと餌を食べなくなったりするアシカです。

ミディのこうした性格のせいでしょうか、子育ても出産当初は面倒をみていたもののその後放棄をしてしまい、最初の子と二頭目の子は途中から人工保育をせざるを得ないといった困ったお母さんでした。しかし三頭目、四頭目と子育ての経験を積んでいくにつれ、ミディは徐々に子育て上手なお母さんになってきました。二〇〇三年七月一日に生まれた五番目の子供であるエースに対しても、ミディは泳ぎ始めのエースをかばいながらそばで泳いでいました。そうして順調に大きくなってきていたエースを含め彼らの担当に私がなったのは、同じ年の十月でした。

ご存じのようにアシカは私たちと同じ哺乳類、下腹の所に四つ乳頭があり、お乳を飲んで大きくなります。半年を過ぎるころから離乳が始まっていきます。私が担当になった時期はまさしくこれから始めようかという時期でしたし、お母さんの気まぐれで突然育児放棄したらどうしようかと不安がありました。しかし、新米の私に対しても、グリアンもミディも普段どおりに接してくれ、ミディはエースに対してもお乳を与え続けていました。

エースの離乳作業は十一月中旬ごろから金魚を泳がせ、エースが追いかけて遊ぶことから始めました。その後コイも与えてみましたが、かみ殺すだけでなかなか食べるところまではいきません。十二月に入り、イカを与えてみたところ、最初はかんでいましたが、その後つるりと食べたのです。これで一歩前進です。しかし、なかなか小アジやサバには関心を示してくれませんでした。イカは親にとっても大好物！　エースに与えることが分かるとそれを親たちも待っている状況となり、親に気付かれずにうまくエースにイカを与えられるかがドキドキものでした。

この後、プール工事期間を挟んで三月末からエースの本格的離乳作業を始めました。親と同じサバを与え、最初は関心がなかったものの、そのうちにくわえては投げるようになり、四月十一日に初めて飲み込むのを確認することができました。そして二十一日にサバを朝六尾、夕方八尾本格的に食べてくれたのです。これでようやく彼女も一人前のアシカになりました。

しっかりと採食するようになったため四月二十六日にはミディとも離し、小プールでの一人暮らしを始めました。実は父親のグリアンはブリーディングローンで鴨川シーワールドから借りている個体なのです。そしてエースは鴨川シーワールドに所有権があり、もうじきそちらに行くことになっています。

工事の間もエースを育て続けてくれたミディに感謝し、エースに対しても無事ここまで育ってくれたことに「ありがとう」と言いたいです。

第四章　草食動物　迫力の力持ち

1　アジアゾウ

ゾウを見るならこの時間　2006年7・8月

皆さんは動物園に何時ごろ行ったら一番楽しめると思いますか。朝開園したばかり、まだ園内にお客様が誰もいないところを貸し切り状態とばかりに楽しむ。いやいや家族みんなでお弁当を持ってきて主に昼の時間に楽しむ。あるいは夕涼みがてらにぶらり楽しむ。いろんな楽しみ方が考えられますね。ではここで「飼育係から見た動物園・今が見どころベスト・イン　日本平Ｚｏｏ」をゾウに限ってお話しします。

ゾウは朝九時に寝室から放飼場に出て、夕方三時半にまた寝室に戻ります。その中で特に二回のお勧めタイムがあります。最初は午後一時十分過ぎから始まるゾウの調教（トレーニング）の時間です。うちの二頭のゾウ（ダンボとシャンティ）のうち、シャンティは直接飼育といって飼育係がゾウの放飼場に一緒に入ってトレーニングを行います。号令は他の動物園では現地の言葉を使っているところもありますが、うちでは日本語でやります。基本的な「マエ」「アト」「アシアゲテ」など数えたら三十くらいの言葉をゾウは完全に理解していますが、もっと細かいものや言葉を組み合わせたものなど含めれば、大体百くらいはこちらの意図する言葉が分かるようです。正確には言葉の意味の理解というよりも、こちら側の顔色をうかがいながらイエスかノーかを決めている感じを受けます。

　トレーニング中はライドといってゾウの背中に乗ったりもしますが、あの背中に乗ると、そこからはまさに二階から見下ろすような爽快な景色が目の前に広がります。ゾウの肩の高さまで約二メートル五十センチ、自分の座高を入れればゆうに三メートル以上の高さですから。ゾウの飼育係をしていてちょっとした役得な気分を味わうささやかな？一瞬でもあります。また見ているお客様にも中にはこちらに手を振ってくれる方（多くは肩車をされた子供さんですが）がいらっしゃいますが、そんな時私は必ず決めのピースポーズでお客様に返事をします。いつか一人でもそれを受けとった子供が、将来ゾウの飼育係になってみたいと夢を持っていただけたなら、それだけで十分に思います。

　もう一つのお勧めタイムは午後三時半からです。放飼場から寝室に戻る前に、二頭のゾウが号令でプールに入ります。これは昔、体についた砂や泥をプールで落としてから寝室に入れていたのが始まりのようですが、今では毎日の恒例行事になっていて、ゾウたちもプールに入らないと部屋に入れないと思っているかのようにわりとスムーズにプールに入っていきます（ただし寒い冬の間はゾウも嫌がりますので中止していますが）。二頭合わせると7トンもの体重になりますので、その二頭が一緒にザッブーンとダイナミックに水に潜るシーンはまさに圧巻！　満水のプールからは滝のように水が溢れ出し、特に初めてご覧になられるお客様は驚きと興奮に包まれること必至！です。

　毎日見ている私たちの感覚ではそんなにどうというものでもない感じで、このプール入れをあまり宣伝してはいなかったのですが、試しに園内放送でお客様にアピールしてみたところ大変好評で、多い日には二百人ほども集まり「オ～ッ」という歓声が上がるほどです。またよくよく考えてみたら、全国の動物園でも時間を決めて二頭のゾウがこんなふうにプールに入るなんてことをやっているところはないんじゃないかということになり、〝自称・日本ではここでしか見られない〟というフレーズもお客様には使わせてもらっています。

　今回はゾウのお勧めタイムをお教えしましたが、動物園にはまだまだたくさんのお勧めタイムがあり見どころ満載です。自分の好きな動物がありましたらその動物のお勧めタイムはいつなのか、飼育係に尋ねてみて下さい。

歯の生え替わりは一生に五回も

2000年7・8月

突然ですが皆さんは歯医者さんが好きですか。おそらく好きな人なんていないと思いますが…。でも現在、シャンティは毎日、歯医者さんに診てもらっています。それも日に三回もです。もう、とっても大変なんです。いったい何が原因でこんなことになったのでしょう？

歯の調子が悪くなりだしたのは二月のころ。もうかれこれ七カ月も前のことでした。それまで食いしん坊だったシャンティの夕ご飯のサツマイモを食べるスピードがいやに遅くなってきたと思っていたら、いつの間にか一度足で踏みつぶし小さくしてからモソモソと食べるようになってしまいました。これはおかしい、と口の中を調べたところ、どうやら歯が抜けかけていて、グラグラしてうまく噛めないのです。このため一時期、未消化の排泄物は普段の三倍近い大きさのものまでありました。驚きです。

ゾウの歯は上下左右に計四本あって、一生の間になんと五回も生え替わります。人間は乳歯から永久歯へと一回だけですよね。今回のシャンティはおそらく三回目くらいの生え替わりではないでしょうか。ゾウの歯のサイズは、体の成長とともに顎の骨の大きさに合わせて生え替わるたびに大きくなり、歯を使う年月も延びます。生え替わるときには、今使っている擦り減った歯を、後ろから出てきた新しい歯が前に押し出すようにして抜け替わる方法（水平交換）がとられます。

そんなわけで歯がグラつき、せいせいしないのかイライラするのか、よせばいいのに牙をコンクリートや鉄の柵にゴリゴリ擦りつけたからさあ大変。今度は牙周辺が赤く腫れ化膿してしまったのです。このため毎日、歯医者さんのお世話になっているのです。歯医者さんが牙の周辺を消毒している間、鼻を上げ口を開かせているのですが、やはり神経に障るのか痛いと言わんばかりに時折顔をしかめ、口の周りの筋肉を締め付けたり鼻を降ろしたりと嫌がります。そんな時は、小さな子供をなだめるように「ハイ！アーン」と優しく言って聞かせます（でも本当はもっときつい口調です）。

傷がだいぶ良くなってきたかなと思っていると、また擦りつけて腫れてしまったりするので、未だ完治には至っていません。おそらく歯がうまく抜け替わってくれれば、口の中もすっきりし、牙を擦るということもなくなるのではないかと思っています。

未知なる能力のいろいろ　２００６年１・２月

ゾウの担当をしてから、かれこれ十数年になりますが、先日改めてゾウの不思議で未知な能力に驚かされる出来事がありました。

朝、室内でフスマ（パン粉のような食べ物）にミネラルなどの添加物を混ぜ、水を入れ手でこねてダンゴ状にして与えているのですが、その入れた水の量が多くてドロドロなのか、逆に少なくてパサパサなのか、そしてそれが自分の好みなのかそうではないのか、何らかの能力をもってして識別、判断しているのではという驚愕の行動（ちょっと大げさ？）を目の当たりにしたのです。「やっぱりゾウはスゲーや」とえらく感心ならびに感動した！！という気分にさせられました。

これをもう少し詳しく説明してみます。うちの二頭のゾウ（ダンボとシャンティ）にも食べ物の好みがあるようで、ダンボはこのフスマダンゴが大変お気に入りの様子。よく「早くちょうだい」とばかりに足でパンパンと地面を踏みならして催促します。対してシャンティは、味というよりそのダンゴの堅さ加減にどうもこだわっているようなのです。

　不思議な光景を見たのは、ある日いつものように普通にフスマに水を入れ、それを私が手で混ぜ合わせて口の所に持っていったところ、いつもならば口を開けてパクっと食べるのですが、その日はなぜか口を開けようとしません。「んー、おかしいな…」と私。たまにフスマが古かったり少し油っぽくなっている時には、もう一頭のダンボともども食べない時がありましたが、その日のフスマをダンボは普段と変わらずにおいしそうにパクパク食べていましたので、これらが理由ではないようです。「これは、一体どーなってるの？」と私はしばし瞑想状態に陥ってしまいました。

　しかし、よーくそのバケツの中のフスマを見ると、入れた水の量がいつもより多かったようで、ちょっとドロドロです。試しにそれにフスマを追加し堅めにしたところ、ちゃんと口を開いて食べてくれました。

　でも、シャンティはなぜそのダンゴが軟らか過ぎるということが分かっていたのでしょうか。一度口にしてからその後食べないか、はたまたダンゴの形ができ上がってからそれを見て口を開けないというのなら分かるのですが。「ウ～ン、これは一体？」。頭の中でその理由をいくつか並べ、「これはこういうことなのか、またはこうなのか」と私なりに考えを整理して出した答えはこうです。

おそらくシャンティは、バケツの中に水を入れる時のその音（というよりもバケツの中に水が落ちる振動）を感じ取り、その水の量が適量かどうかを判断していたのではないでしょうか。人間の感覚では、これほど正確な判断をすることはとても不可能に近いのでは？と思いました。

そういえば、よくゾウは仲間同士でコミュニケーションを取る時、人間には聞こえない音である低周波音で会話していると言われます。その能力をもって、あのばく大な被害を出したスマトラ沖地震による津波でも、ゾウたちは津波が来る前にそれを察して小高い山の方へ避難して行き、一頭のゾウも災害に巻き込まれることはなかったと聞きました。全くゾウの能力には本当に驚かされます。

この「フスマ事件」で私は「目からウロコ」の状態でしたが、普段ゾウと接していると、ゾウのすごさをまざまざと見て取れる場面がいくつかあります。それも少し紹介させて下さい。

まず、「感覚の鋭さ」。ゾウは後ろに下がっていくとき、自分の後ろは見えていないのに、ちゃんと障害物を避けていくことができます。運動場のどこに何があるか、それをすべて頭の中にインプットしてあるため、後ろを見なくても平然とバックができるのです。また、「その鼻の器用なこと」。ダンボは普通のミカンを与えると、ミカンを鼻の内側に載せ、転がすようにしてなんと皮をむいて中身だけを食べるのです。皮が嫌いで食べないのではないようですが、とにかくその光景を見ると「ウーンすばらしい」と思います。

さて、夕方カボチャを丸ごと一個与えているのですが、シャンティはそれを食べる時に足で踏みつぶして割って食べます。踏んでカボチャが割れる「ボンッ！」という音は実に痛快なので、どうぞ見に来て下さい（毎日午後三時半にご覧になれます）。シャンティは、そのカボチャの味が自分の好みのものかどうか、どうもカボチャを見て判断しているようです。これも詳しく説明すると長くなりますので割愛させていただきますが、とにかくおそらく視覚でとらえて判断しているのだと思います。

ちなみに、ゾウが一番好きな食べ物はパンだと思います（これはシャンティたち本人に直接聞いてみないと分かりません）が、その一番好きなものを最後までとっておき最後に食べるという採食行動をよくします。また、好物のパンを食べている時のおいしそうな顔！　皆さん、よーく見てくださいね。おいしい時には「オイシー！」という顔をゾウはするのです、絶対！　超ビミョ～ですけど…。

ゾウを飼育していると、いろいろとゾウという動物の能力には驚かされます。この愛すべきゾウたちも、悲しいことに野生での生息数が減っています。シャンティたちアジアゾウは、アジアの森林の消滅などにより生息数が五万頭以下になってしまいました。アジアの森で平和に暮らすゾウたちが、これからも地球上から姿を消すことのないよう、我々人間は改めて普段の生活を見つめ直していく必要があるでしょう。どうぞ皆さん、シャンティの「オイシー！」という顔をぜひ見に来て、そこにアジアの森を感じ取ってください。三時三十分にゾウ舎でお待ちしています。

2　マレーバク

「さすって、さすって」と親子でせがむ

2006年3・4月

飼育係は、一つの動物を長く担当していると気が付かない新たな飼育発想の開眼、飼育技術の向上、色々な動物の飼育熟知、マンネリ防止などのため、基本的に三年に一度の担当替えがあります。飼育歴三十七年の私は二〇〇五年四月に初めてマレーバクの飼育をすること

寄り添うマレーバクの親子

になりました。飼育歴が長いため、飼育作業方法についての手順はすぐにマスターしました。次にマレーバクの個々の性格を知るために私自身が遠慮しながら近づいていく作業をすることにしました。

マレーバクは一見丈夫そうに見えますが、本来湿地帯で生息しているため硬いグラウンドでは足の裏が傷つきやすく、毎日のように治療が必要です。驚いたのは治療のため狭い獣舎に一緒に入らなければならないことでした。二人ほど噛まれたことがあり、その人の話では「スゲー痛い」とのこと。貴重な動物なので放っておき足からの感染症が原因で死なせるわけにはいかず、恐る恐る同じ部屋に入って治療をしました。

幸いにも体をさすられるのが好きな個体のため、治療方法はブラシで背中部分をさすり、横にさせます。シン（オス）は性格が温厚で、横にさせるのが比較的容易で気持ちよさそうに目をつぶり、時にはいびきをかいて寝ます。飼育係を信頼して横たわる体重200キログラムを超す動物の寝姿は愛くるしいものです。

問題なのはミライ（メス）の方でした。「気分が悪いとき、ストレスがたまっているときは気をつけなさい」と聞きましたが、そんなことを言われても、女房の顔色は分かっても何せマレーバクとは付き合いの浅い私、どの状態が気分の悪いときなのか、ストレスがたまっているのかの判断ができない！　当時、妊娠中のミライは落ち着きがなく、気の小さい私を噛みに来るか、攻撃されはしないかと思いつつ横にさせるのが大変でした。

それから色々なことが短期間で起きました。太い枝を給餌したため、下顎膿瘍（口腔内の傷から細菌感染により顎の中が膿み、以前では百％死亡に至る病気）になり大変な治療を経たこと、それが治ってきたかと思えば、今度は咳をし体温が上がり「変な病気になったのでは」と心配しました。幸いにもいずれも完治し、獣医に余分な仕事を与えているように思い、申し訳なさで一杯でした。

現在も、足の治療は続いています。今ではミライの横に無事出産した子、アスカ（メス）が加わりました。ミライを治療のため横臥させようとしているとき、アスカは上目づかいで近寄ってきて、「アタチにも、アタチにもさわって」とせがんできます。アスカをさすり横にさせ、次にミライをさすり横にさせますが、さわり続けないとアスカが起き上がり、せがんできます。そこで、足でアスカの体をさすり、両手でミライの体をさすります。ひと昔前に流行った平衡感覚を保つ座敷でのゲームみたいで、足しか手が空いていない?状態です。アスカを飼育係の役得で時間の許す限り、触りまくっています。アスカは、何カ月か後には他の園にお嫁さんとして出す予定です。正直、別れが辛いと思います。

アスカと子別れした後、両親（シンとミライ）は別居生活から同居生活に戻ります。とても気の早いことですけど、次回も（絶滅危惧種の繁殖ということよりも）飼育係としては、こんなにかわいい動物が無事に出産すればいいなと思っています。

3　アメリカバイソン

遊び相手は大きなタイヤ

2000年3・4月

現在、二頭のアメリカバイソンを飼育しています。オスのマックとメスのモモです。モモは群馬サファリパークからお嫁さんとしてやって来ましたが、マックは日本平動物園開園を記念して静岡市の姉妹都市、米ネブラスカ州オマハ市から寄贈されたペアの子孫です。

ご覧になられた方もいると思いますが、アメリカバイソンの放飼場には何やらごっついタイヤをドカーンとぶら下げてあります。「あれは何だろうね」「さて何だろう」というお客様の会話をたまに耳にしますが、実はあのタイヤがイタズラ坊主のマック君の良き遊び相手なのです。大きなタイヤはトラック用で、持ち上げようとしても一人ではなかなか上がらない、それほどガンコなものなのです。

ところが、マックがタイヤめがけて頭突きを一発お見舞いするとあら不思議、「ドカーン」という音とともにタイヤは空高くすっ飛んでしまうのです。あの迫力は間近で見た人でないと分かりづらいかと思われますが、マックの「ばかぢから」にはあっけにとられてしまいます。

アメリカバイソンには、その昔人間がアメリカ開拓にともない残忍な殺りくを繰り返した結果、あわや絶滅にまで追い込んでしまったという、大変考えさせられる過去があります。

そんな中、かつてアメリカ大陸を勇壮に駆け回っていた迫力ある姿は、保護区内で養われる生活を送っている現在のアメリカバイソンには失われてしまったということですが、マックのあの頭突きを間近で見ていると、何か昔のアメリカの大自然の雄大さをほんの一瞬でも感じずにはいられません。

ただ担当の私にしてみれば、そういった感慨にふけっている以上に「ああやめてくれ…」「その辺で勘弁してくれ…」とも思います。なぜかって？　もう三回ほどタイヤをつるしてあるパイプをことごとく折られてしまっているのです。

4　マサイキリン

痛む右前足を投薬治療　2006年1・2月

年の瀬の十二月二十四日は動物園内もクリスマス一色といった雰囲気でした。この日の夕方にキリン舎に見回りに行くと、なんだか担当者の元気がありません。恋の悩みかな？と思いながら（冗談です）獣舎に入ると、メスのリンの部屋の横で心配そうな面もちです。「どうしたんですか」「うーん…朝は良かったんだけどね、夕方からリンの歩き方がおかしいんだよ」「えっ！」。

近くで見てみると、確かに右前脚を地面に着くのを痛がっているようでした。「どうしたんだろう、外でひねったりでもしたのかな…」。

原因は分かりません。翌日になっても跛行が続くので、展示を休止し、投薬しながら獣舎内で安静にすることにしました。脚が長く体重の重い（推定500キログラム）キリンは、立てなくなれば命取りです。しかも運悪く、より負荷がかかる前脚の負傷でした。

隣の部屋にいるオスのトッポも、柵越しにリンに顔を近づけては心配している様子でした。トッポも五月に同じように前脚を悪くし、一カ月以上闘病したのです。トッポのように回復してくれることを毎日願ってやみませんでした。

余談ですが、私は寝ているときによく動物の夢を見ます。大抵は心配している動物が出てくるので、おちおち寝てもいられません（笑）。臨床経験の浅い私に、「寝てないで勉強しなさい」という天の声なのかもしれませんね。そんな時は、朝その動物の姿を見て何事もないと、本当にホッとするものです。これはそれぞれの動物の飼育担当者も同じだそうですから、動物園に勤務する者の宿命かもしれません。

さて、リンはしばらくはうまく歩けずにつらそうでしたが、頑張って部屋で療養してくれたおかげで、快方に向かっています。元気になったら、またいつもの笑顔でのびのびと外を歩いてほしいです。

5　シロサイ

食事よりまず泥浴び　２００２年11・12月

サイの放飼場の土が減ってきて、新たに土を入れたのはいいのですが、前の土となかなか

ひとあびしたあとの乾草は、おいしいですねぇ。サイ子さん。
そーね

なじんでくれません。そこへたびたびの雨が襲いかかります。で、どうなるかって、それはもうぬかるんで泥んこ状態です。見た感じも不精ったくて、何のために土を入れたのかと思いたくなるくらいです。腰の痛みに耐えつつ、仲間の協力を仰いで入れたのにと、ちょっぴり恨めしくもなります。

　でも、ここの住人のサイ子、太郎にとっては願ったり叶ったりのようでした。彼らは、実は泥遊びが何より好きなのです。特に雨上がりの直後などは、ぬかるみはピークの状態です。そんな時の彼ら、朝食の乾草などそっちのけです。お腹が空いていようが、乾草のいい匂いがしようが、まずはひと浴びしなければ収まりません。2トン以上あろう体を横たえて背中をごっしごっしし始めてから、念入りに体のあちこちに泥をなすりつけていきます。本当に気持ちよさそうです。後の掃除のことを考えると少々溜息も出ますが、彼らのご満悦の様子を見ていると、まあいいか、あいつらが喜んでいるのならそれでいいか、と妙に納得してしまいます。それが飼育係ってヤツなんでしょう。ひと浴びして満足すれば、おもむろに乾草を食べ始めます。泥浴びした後は、格別美味しいって思っているかもしれません。

そうそう、この夫婦はカカア天下で、太郎が…歩下がってバランスが保たれています。従って、夫婦の名を続けて書くときは女性が先となります。太郎が亭主関白になれる可能性は、当分ないでしょう。

6　オグロワラビー

強いオスこそ大切　2001年7・8月

カンガルーの仲間のオグロワラビーは一九七五年に飼育を始め、最盛期には十一頭を数えるまでになりました。繁殖賞（日本で初めて繁殖し、六カ月以上成育した時に与えられる賞）も頂いているほどです。また、出産時に多くの謎がある有袋類ですが、そのシーンの撮影にも成功しています。これは貴重な記録として、ワラビー舎の一角に写真パネルにして展示しており、来園者の興味もよくひいています。

そんなワラビーも一頭また一頭と数を減らし、先日オス一頭が死亡し、残るは年老いたメス二頭になってしまいました。こんなことになった責任の一端は私にあると思っています。数が減って、オス二頭メス三頭になった時、発情期が来る度に弱いオスは、強いオスに一方的にやられるばかりでした。見るも哀れで、背中の皮をはがされて血だらけになり、やむなく別居させねばならないほどでした。

そんな折に他園からオスが欲しいとの申し出があり、私はその強いオスを放出することにしました。群れが穏やかに平和になる方を選んだのです。確かに発情期のしつこい追い回しは無くなり、静かな生活にはなりました。が、それは繁殖がばったりと止まる始まりでもありました。

本来、オスたちはメスの所有を巡って闘争し、勝ったオスがメスと交尾する権利を得ます。強いオスの子を産むことによって、種はより強くなっていくのです。平常は静かな生活をしていても、発情期には強いオスだとアピールできる個体でないと、繁殖はやはり難しいのかもしれません。反省しています。

今、若い個体を欲しいとの希望を出しています。実現すれば近い将来、袋から子が顔をのぞかせる愛らしい姿が見られるかもしれません。

十数年ぶりに赤ちゃん誕生

2003年11・12月

オグロワラビーはここ十年ほど可愛い赤ちゃんを皆さんにお見せすることができませんでした。老齢化により繁殖が止まっていたからです。このため二〇〇一年に新たにニュージーランドから若い個体を導入して新しい群れを作りました。

そして念願かない、翌年には第一子に恵まれましたが、初めての子育てのためか、子供が母親の袋から落ちてしまい、育ちませんでした。体長わずか数センチでした。

そして〇三年、来園してから二年目の冬を迎えようとしたところ、母親の袋の中で何かが、微かに動く様子が確認されました。待望の赤ちゃんかな？　しかし、その袋の中で動く様子は必ずしも毎日分かりません。日を追うごとに少しずつ袋は大きくなり、今年になるとはっきり母親の袋の中で新しい命が芽生え成長している様子を確認することができました。

「今度こそは」との担当者の願いもあり、夜は体を冷やさないように母体を気づかい、閉園後は毎日獣舎に収容しています。ところがこの両親を部屋に収容するのがひと苦労で、健やかに子が成長するのを願って奮闘しています。暖かくなるころには、母親の袋の入り口から可愛い赤ちゃんが見られることと思います。

母親の袋から顔を出すオグロワラビーの赤ちゃん

◇

その後、二頭の子供が無事育ちました。そこで親子四頭に名前をつけました。父キキ、母ララ、長女キララ、長男ピピです。

キララにも、新しい命が芽生え始め、最近では袋の中で子供が動く様子が確認できます。オグロワラビーは、全国でも数十頭しか飼育されておらず、輸入することも困難になっています。そのためにも、たくさんの子供たちが育つことを念願する今日このごろです。さまざまな問題がありますが、いつまでも愛くるしい姿を見られることを願わずにはいられません。

7　アクシスジカ

哺乳瓶育ちのメグ　　2003年11・12月

昨年十二月九日にメスの赤ちゃん（愛称メグ）が生まれました。生まれて間もなくは前途多難でした。お母さんは、メグの濡れた体を一生懸命舐めて体温が下がらないようにと頑張っていたのですが、メグが思うように反応してくれません。自力で立ち上がれなければ、おっぱいを飲むことすらできないのです。とりあえず様子を見ながら観察していましたが、よい結果が得られそうもないと判断し、メグを取り上げて人工保育することにしました。もう少し判断が遅れていたら、メグは死んでいたかもしれません（衰弱が激しく体温も非常に低下していました）。

まず保育器の中に入れ、体温を上げることから始めました。保育器だけではなかなか体温が上がらないので、ドライヤーの温風をあてたり、タオルでからだを拭いてあげたりしました。徐々に体温が上昇し、とりあえず最初の危機は乗り越えました。次は、おっぱいをやらなければなりません。動物用のミルクを用意しました。小型の哺乳瓶に乳首を取り付け、口の中に入れてやりましたが、嫌がって吸い付きません。しかたなく強制的にミルクを飲ませ

ました（初乳を飲ませることはとても大事なことです）。

　三日もすると自力で乳首を吸えるようになり、ミルクも牛乳に変更しました。一日四回哺乳し、今では七百cc飲んでいます。哺乳瓶を見ると催促するまでになり、体重も4キログラムを超え、元気いっぱいに育っています。天気の良い日には、運動不足の解消と日光浴を兼ねて散歩に出かけ、このときは担当者の足元をついて回り、とても楽しそうに過ごしています。もう少し暖かくなれば、展示の場に戻してお母さんと一緒に過ごせる日が来ると思います。

第五章　爬虫類　魅力あふれる素顔

1　ワニ

頭の良さにびっくり　2001年3・4月

爬虫類を分かってもらうには、大変な努力が求められます。まず、たちはだかるアレルギーの壁、これを取り除くのがひと苦労です。いきなり愛らしいなんて言おうものなら、もうその人は変人、奇人の枠にはめ込まれかねません。でも、「まあそう嫌わないで彼らの面白いところ、素敵な素顔を分かって下さい」と、担当者としてはやはり言いたくなります。五年間接して、彼らは間違いなく魅力にあふれた生き物である、そう言い切れますから。

ワニは爬虫類の中では最も種数の少ない生き物です。当園での飼育も、クチヒロカイマン一種類しかいません。わずか二頭の彼らですが、他のカメやヘビやトカゲとは別格であることを、しばしば垣間見せてくれます。猛獣的な存在だから、そうだと言うのではありません。吠え声は確かにライオンにそっくりです。低く響いてくるその声は正に迫力があり、うかつに近寄れない動物であると思い知ります。が、それよりも何よりも、彼らは爬虫類にしては大変頭のよい生き物なのです。

カメが、ヘビが、トカゲが、卵を生んだって後は知らんふりです。哺乳類が見せる心温まる親子の光景を求めるのは、土台無理な注文です。でも、ワニは違います。餌こそ与えはしませんが、危険からは精一杯我が子を守ろうとします。母子のほのぼのとした関係をちゃんと表現してくれるのです。危険が迫ったら口の中に我が子を入れてかばう、頭に尻尾をつけて小さな、しかしながら安全なプールを作ってその中で我が子を遊ばせるなど、その容姿からは想像もつかない愛情表現を見せてくれます。意外に知的な動物、と言えなくもないでしょう。

で、飼育係には、どのような時に頭の良さを感じさせてくれると思いますか。実は掃除の時なのです。プールの水を抜き始めると、嫌いな飼育係?が入ってくると分かるようです。ほぼ抜け切るころまでに、何も言わなくたってオスはさっさと部屋の中へ入っていきます。メスは部屋の中に入るのが嫌なのか、時々渋りますが。

このように、こちらの動きに対応してくれるのが、良きにつけ悪しきにつけワニというものです。当然、ちょっとした意地悪な報復が待っています。いじめというほどでもありませんが、メスが部屋になかなか入らないと、どうしてもせっついてしまうことがあります。それがよくありません。そんな日の翌日に隣のカメの部屋にいて間近に顔を合わせようものなら、途端に脅しをかけてきます。

もっとも、前々任者はワニのプールを掃除する時も一緒に入っていたそうです。そりゃあ変温動物ですから、温度を下げて後ろから接触する分にはそう危険性はありません。ですが、話を聞いているとそんな風でもありませんでした。まだまだ足元にも及んでいない証拠でしょう。頭の良い動物だと紹介しておきながら、彼らが持っているもっとさまざまな能力を、私自身がまだ探り切っていない証でもあります。

メスは、今年産卵しそうです。春には発情と交尾も確認しています。有精卵を取れる可能性も大です。なんと言っても驚かされたのは、部屋の中に敷いてあったわらを集めて固める巣作りを始めたことでした。もし、そこに産んでくれれば、何もしなくても、そのままふ化を待てる状況です。それはまた、彼らの持つ潜在能力をうかがい知るチャンスでもあるでしょう。

2　キイロアナコンダ

触られてもじっとおとなしく　２００１年９・10月

爬虫類館、ここに入ろうとするお客様の心境、他の動物を見る時とは趣をやや異にしているようです。特にヘビをご覧の段となると、もうもうとんでもない反応をしばしば示されます。「見てるだけで気持ち悪い」「うわあ、寒気がしてくる」なんて言われるのはしょっちゅうです。そんなことでいちいち気を悪くしていては、爬虫類の担当は務まりません。

でも、世の中捨てたもんじゃないんです。中には可愛いっておっしゃる方もおられるのです。サマースクールの実習があって子供たちにヘビを触らせていると、ガラス越しに「羨ましい。私も触りたい」と言ってるのが聞こえてきました。いつぞや、興味津々の表情で見ておられるお客様がいて、こちらは軽く半ば冗談で「なんなら触ってみますか」と語りかけると、「えー、ホント、嬉しい」と思いもかけない反応です。

だんな様がいて子供さんもいましたが、何故か体はすうっと引けていました。しかし、奥さんはにっこにこ、「だんなも子供もダメなのよ」と、自分だけ喜んでキイロアナコンダとコロンビアレインボーボアをたっぷり触って楽しんで帰られました。

ヘビに対する偏見を取り除くのは大変です。おとなしいと言ったって、何もしないと言ったって、嘘でからかって言ってるのだろうと、まず、そう受け取られてしまいます。でもと言うか、だからと言うか、語りかける必要性を痛感するのです。ことばを選びながら、分かり易く説明していくと、表情がほころび意外な一面を見たと喜ばれることがあります。

穏やかで落ち着きのあるキイロアナコンダ

ヘビに限らず、ワニであれカメであれ、私たちの皮膚感覚ではとらえにくい生き物です。小さな子供たちに至っては、動かないものだから死んでいると思い、親にそう訴える光景を見るのはさほど珍しくはありません。自分で体温を上げられないから部屋には常に暖房が必要なこと、その分だけエネルギーの摂取が少なくて済むこと、それ故に普段はたいていじっとしていることなどを説明すると、感心して聞いてくれます。ニシキヘビの食事は年に七〜八回で、それでも太り気味だと語ると、驚きはさらに倍加します。

かなり以前のことですが、車椅子の方を連れて来られたお客様が、「爬虫類館に入りたいがどうすればよいか」と尋ねられたことがありました。これには正直、私も困りました。しかし、案ずるよりも産むが易しです。「分かりました。入るのは無理ですから、ヘビ一匹を出しましょう。それで我慢して下さい」と答えました。で、キイロアナコンダ一匹を出すと、やや驚きと戸惑いを見せる車椅子のお客様をよそに、そこら辺にいたお客様がぞろぞろと集まってきました。怖いもの見たさ触りたさ、思いもよらぬ二《メートル》強のヘビの出現は刺激十分だったようです。

第六章　鳥類　色とりどり、世界の仲間

1　モモイロペリカン

大きな翼の美鳥

2003年7・8月

当園の中央付近に池があるのをご存知でしょうか？　冬になるとその池には野生のカモたちが多数飛来してきますが、そうしたカモたちに混じってひときわ大きな鳥が飼育されています。ご覧になったことがありますでしょうか。その鳥は「モモイロペリカン」といってアフリカなどの湖沼に群れをなして生息している鳥で、大きな魚を丸飲みするのが特徴です。

実は一九九九年五月にオスが死亡してしまい、それ以来メス一羽で寂しそうに暮らしていました。心優しい飼育担当職員から「あのまま一羽で生涯を過ごさせるのは余りにもかわいそう。気の優しいオスをぜひとも導入してくれないか」と依頼を受けていましたが、国内で探すのは難しく、やむなく海外にその入手を求めていたところでした。しかし、海外からの導入には大きな問題がありました。ペリカン一羽だけですから輸送経費がとても高くなって

しまうのです。他の鳥類や動物を一緒にアフリカから輸送すれば少なくとも一羽当たりの経費はかなり安くなります。その時期を私たちは首を長く、チャンスを逃さないように待っていたのです。このため導入までかなりの月日を要しました。

そして、今年七月三十日に待望のオスのモモイロペリカンが来園しました。導入する個体は性成熟し、気の優しい性格のものを希望したのですが何とびっくり。来園時、小さな輸送箱に収まり、外観からは小さな幼弱個体じゃないかと一時はがっかり。ところが輸送箱を覗くと長い首は背中の方に押し曲げ、嘴は箱の角から角一杯に何とも上手に収納されていました。太い足を器用に折り曲げウンチだらけの箱の底に体を浸けるようにしていたのです。羽根がウンチで汚れ、灰色ペリカンかな？と思うくらいでした。やがてプールに入り羽づくろいしているうちに、名前のごとく薄ピンク色をした美鳥になってきました。餌のアジを投げると、口で上手にキャッチングすることもすぐに覚えてくれました。

モモイロペリカンを放鳥する場所は、園内中心にある池です。池の周囲には、高さ六十センチの柵があるだけで、あの大きな羽根で羽ばたけば柵を飛び越え大空に飛び立ってしまうでしょう。もしそんなことになれば大騒ぎ。このため飛び立てないように羽根に細工をするのです。当園では初めての手術法で、翼先端の指屈靭帯を切断して見た目は何ら変化もなく、しかし飛翔できないことを目的とした処置でした（内心かなりの不安があります）。

やがて検疫に合格、池に放したのですが、数日後の昼食時に担当者から緊急無線連絡。「モモイロペリカンが道路を歩いています」。一瞬「靭帯切除術が失敗か」と嫌な思いが脳裏をよぎりました。現場に行くと、確かにペリカンの「カッター君」が柵越しに道路を悠々と歩いていました。遙か湖面ではメスが心配してか、右往左往。バスタオル片手に二人で追いつめるといとも簡単に柵を越え急斜面を一目散に駆け下り、無事メスの所に戻っていきました。これからが思いやられるな…。

ちなみに、オスはメスよりも体格、嘴などが一回り大きいから一目で分かります。仲良く寄り添って泳ぐ姿を見ると心が和みますよ！

2　ワライカワセミ

晴れて「お見合い」成功

2004年3・4月

「出会い」は人生にとってかけがえのないものです。それは、人だけに限ることではありません。生まれてきて自分の家族に出会ったり、好きなことをやりたいことを見つけたり、おもしろい本を発見したり、身の回りにはいつも出会いが待っています。

動物園の動物たちは限られた居住空間で生活しているため、自分から出会いを探しに行くことができません。動物園の役割の一つに「種の保存」があります。野生での数が減少した動物たちを保護していくためには、動物園が破壊されつつある自然環境からの一時避難所としての役割を果たす場ともなります。その中で、一つの動物園だけではなく、日本国内や海外の動物園と協力して、繁殖のために動物を移動しあい希少な動物たちを増やし守っていこうという取り組みも行っています。この場合、「この個体が良さそうだよ」などと人がペアを考えるわけですが、それはさながら人間の「お見合い」に似ていると思います。今回はそんなドキドキ、時にハラハラした動物たちのお見合いについてのお話です。

熱帯鳥類館のジャングル展示室を通り抜けると、右側にワライカワセミの展示室があります。大きな口を開けてカーッカッカッカッカ…と鳴く声が、笑い声のように聞こえることからその名がついた鳥です。ある日のこと、いつもは二羽で止まっているはずの枝に、メスの姿が見えません。おかしいな、と思って部屋の中を見まわすと、地面の隅にメスがいました。それから何日もの間、メスは地面の上にいることが多くなりました。どうやらオスに追いやられているようでした。仲が悪いと、ケンカをして傷ついたり精神的にもストレスがかかり良くありません。

そこで、別の部屋で飼育していたオスに登場してもらい、ペア変えをすることになりました。三月十五日、病院にメスを連れてきてオスと隣の部屋でお見合いを開始しました。お互いにそばに行くわけでもありませんでしたが、近くに見える状況で慣れてもらおうと、そのまま二週間ほど様子を観察しました。三月二十七日、状態も落ち着いてそろそろいいかなと、広めの部屋に二羽を移していよいよ同居開始です。

入れた直後は、同じ枝の端と端に止まって緊張しているようでした。が、しばらく観察しているとオスがスス…とさりげなく（？）メスのそばに近づいていきました。なんだか良い感じです。ところが、その後餌をあげてみるとオスがメスの分までいつもより余計に食べてしまい、メスは少ししか食べられません。それから何日かは餌をあげるときにオスを追い払いながらメスも食べられるようにしました。仲良くなって欲しいという願いが届いたのか、しばらくしたある日、こっそり覗きに行くとオスがメスに餌をプレゼントしているではありませんか！　仲良しになれたようです。

そこで、四月十日に二羽を展示室に戻しました。これでひと安心、と病院に戻ったところ、観察していた飼育担当者から「だめみたい」との連絡が。慌てて見に行くと、オスとメスがお互いの嘴を噛み合わせてにらみ合いの状況でした。病院では仲が良かったのに、場所が変わったことも影響したようです。このため、オスは一旦病院に収容し、弱い方のメスを展示室に残して古巣の部屋に慣れさせることにしました。その後、展示室で改めてお見合いをすることになりました。

四月十九日からオスをケージに入れて展示室に置き、部屋の中にいるメスと再びお見合い開始です。そして、四月二十六日にオスをケージから出して同居させたところ、トラブルもなく晴れてペアで展示ができるようになりました。その後、五月十四日に産卵が認められました。かわいい雛が生まれることを期待しています。

3　カンムリシロムク

バリ島で羽ばたく姿夢見て

2005年3・4月

春になると、盛んに野鳥の姿を見かけます。園内でも、上の池で木の上に集団で繁殖の巣を作っているアオサギやコサギを始めとして、ヒヨドリやムクドリ、ツバメなど、さまざまな自然の鳥を見ることができます。

さて、動物園では日本にいない世界中の鳥もご覧いただけます。熱帯鳥類館にいるカンムリシロムクという鳥をご存知ですか。白くて目の周りが青いムクドリの仲間の鳥です。カンムリシロムクのふるさとはインドネシアのバリ島です。彼らの生息地は環境が悪化し、国立公園の指定を受けて保護されています。しかし、数少ない鳥なので高値で裏取引されるために密猟が後を絶たず、現地の生息数はもうわずか十羽もいないのではないかとも言われる状況です。

希少なカンムリシロムク

日本では、このような絶滅の危機に瀕した動物の血統管理をするコーディネーターを決めていて、動物園水族館間で種の保存を目的とした繁殖のための個体の移動を行っています（当園はオオアリクイとレッサーパンダを担当しています）。カンムリシロムクの担当は、横浜市にあるよこはま動物園ズーラシア内の繁殖センターです。ここは非公開の施設ですが、カンムリシロムクやバク、カグーなど、世界の希少動物の繁殖に取り組み、さまざまな研究も行っています。そして、画期的な取り組みとして、日本で増えたカンムリシロムクを現地に放す活動も始めました。

昨年秋に、熱帯鳥類館の「ジャングル展示室」でカンムリシロムクの子供が生まれました。今回、この子供を含めた三羽を繁殖センターに出し、その活動に協力することになりました。新たな門出を祝うかのような晴天の日、三羽は横浜に巣立っていきました。そして、入れ替わりに新しく二羽が来園し、引き続き繁殖に取り組んでいく予定です。

いつか日本平動物園から巣立った個体が現地の保護活動に貢献し、以前のようにバリ島の空をたくさんのカンムリシロムクが飛ぶ姿が見られるといいですね。

4　ショウジョウトキ

石を抱き温めるオスの珍行動　2005年9・10月

キリンの向かい側にあるフライングケージには十五種類、約五十羽の鳥たちがいます。その中でもひときわ目立つ鳥が、全身が朱色のショウジョウトキです。現在、ショウジョウトキは十四羽いますが、そのうちの一羽がなんとも不思議な行動をしたのでそのお話をします。

それは一羽のオスが九月二十日ごろからフライングケージの片隅の小枝を集めて簡単な巣を作ったのです。「なーんだ、鳥が巣を作るのは当たり前のことじゃないか」と思われるかもしれませんが、実はここからが「珍行動」なのです。普通は、巣を作ったらメスが卵を産んで温めてヒナをかえすのですが、このオスはなんと卵ならぬ「石」を自ら温め始めたのです。

ショウジョウトキは樹上に巣を作るのが一般的なのに、このオスは地面に巣を作り、しかも石を卵の代わりに抱くなんて、なんとも摩訶不思議な行動だらけです。また、温めている石は丸みのある四㌢くらいの小石で、数は四個もあり、そのうちの一個は色が白くてパッと見では本当の卵があるかのようにも見えました。

石の卵を温めるショウジョウトキのオス

巣の中にある卵ならぬ石

　このオスは、たった一羽で雨の日も風の日も一日中「石」を温めていました。すぐにその卵ならぬ「石」を取り除いてしまうのもなんだか気が引けたので、しばらく様子を見ることにしました。さすがにエサを食べるときは巣を離れますが、少し食べるとすぐに巣に戻り、再び石を温めるのです。

そのけなげで一生懸命な姿を見ていると、なんとも切ない思いになりました。獣医や他の飼育係とも「なぜ、このような行動をするのだろう」といろいろ話し合ってみましたが、おそらく、初夏の繁殖期にペアになれなかったオスが秋になって一人？（一羽）寂しく繁殖のまねごとをしたのではないかと推測するだけで、はっきりとした理由は分かりませんでした。

ちなみにこの行動があまりにも変わったというか、珍しいので、新聞社やテレビ局にも取材していただきニュースとして取り上げてもらったほどです。そして、月日も経ち十一月に入り朝晩が冷え込むようになると、このオスもさすがにかえらぬ卵（石ですが）に肝を冷やしたのか、だんだんあきらめ始めたようで巣にいる時間が短くなりました。そこで本人には悪いなぁと思いましたが、このオスの体力のことも考えて十一月十四日に石を撤去しました。しかし、撤去して間もなくは、空となった巣に戻ってきては卵を抱くようなしぐさが見られたりもしました。

その後は、さすがにあきらめたようで巣に入ることはなくなり、今では仲間たちと行動を共にして元の生活に戻っています。

秋の哀愁漂うショウジョウトキの珍行動物語でした。

5　アイガモ

冬だけの王様　２００６年１・２月

動物園には大きな水禽池が二つあります。下の池にはモモイロペリカンとカナダガン、小型のカモ類が飼育されています。上の池には冬になると、遠く北方（シベリア方面）から数十羽のカモたちが越冬のため飛来します。そんなカモたちに混じり、ひときわ体格の大きな個体が、親分らしき風貌で一羽悠然と泳いでいます。

二年ほど前、ある日突然この池に現れたこのカモの正体は「アイガモ」です。その歴史は豊臣秀吉の時代まで遡り、アヒルとマガモを人間が掛け合わせて改良した、空高く飛べないカモの仲間です。最近は水稲の無農薬栽培として水田の除草をするためにアイガモを利用している光景がテレビなどで見られます。アイガモはマガモより大きく、アヒルより小柄な個体が一般的なのですが、この池の主はアヒルより一回り大きな体つきをしています。

上の池では毎朝、主（アイガモ）が何羽ものカモたちを従えて餌場に集結、まるで家来たちを引き連れて行列をする王様のような光景が見られます。しかし、暖かくなるころにはカモたちは北方に帰り、また家来がいない独りぼっちの王様になってしまいます。

第七章　サル　姿も行動も個性派ぞろい

1　ジェフロイクモザル

攻撃する姿はクモそのもの　2000年1・2月

下の池にポツンと小さな島があり、ここにクモザルの若夫婦が住んでいます。最近、このオスの方が給餌や清掃のために島に上陸する担当者や代番の私に対し、威嚇の声を出したり時には手や口を使い攻撃してくるようになりました。これにはさまざまなことが考えられます。この島で生まれ育ち、それが縄張り意識を強くさせもしたのでしょう。

子供のころから飼育係と接し可愛がられてヒトの恐さを知らずに育ったのが、最たる要因かもしれません。成長し交尾能力を有すると、オスとしての自信が更に加速させたようです。向かってくる時の恐さは、同程度の大きさのサルと比べても一段上をいきます。地面をはうようにして進み攻撃してくる姿は大きなクモそのもので、名前の由来をいやでも思い知らされます。

虫のクモが大嫌いな私にとってはなおのこと恐さが募り、ボートをこぎ島に近づくと気が重くなります。最近では好物の落花生と干しブドウを島にばらまき注意をそらして、その間に餌を置き水替えを済ませ、早々に島を後にしていました。

しかしこれではいけないと、島の中の小屋と餌台を改造することに。業者が測量にきましたが、ひとりでは無理です。担当者と私がついて三人で島へ上陸したところ、オスは一目散に逃げ去ってしまいました。島の隅に入り込み、今にも池の中に落ちんばかりの格好で木の根本にしがみついて、声を殺して小さくなっていました。

三人でしかも知らない人が混じっていては、さすがにいつもの気の強さは影をひそめてしまったようです。おかげで測量はスムーズに進行し、何事もなく終えることができました。

ジェフロイクモザルの親子

通常は気が強いオスですが、島に上陸しない限り、そばを通れば必ず鳥がさえずるような声であいさつしてくれます。島のいちばん高いところに登れば、遠く離れたところにある私が出入りする類人猿舎の入口が見えますが、そこを通る度にもあいさつの呼びかけが聞こえます。

危険な面とは裏腹にこんな可愛い一面も持っていて、案外ニクめないヤツでもあるのです。

2　リスザル

〝お母さん〟はリスのぬいぐるみ　2004年5・6月

私は今、動物病院でリスザルのチッチくんの人工保育をしています。チッチは四月二十六日に生まれましたが、お母さんの背中で衰弱してぐったりしていたので、そのままでは死んでしまうと取り上げて、人工保育になりました。

一、二日目の哺乳では、自力で飲むことができず、口元に哺乳瓶の乳首をあてて、少しずつミルクをなめさせるようなやり方で哺乳をしました。三日目になると、お腹が減ってきたせいか、「ピーピー」と鳴きながら指をしゃぶって、かわいい大きい瞳でこっちを見てくるのです。そして、弱い力でしたが必死に吸おうとして、少しずつ自力で吸うようになってきました。

それからは徐々に哺乳量も増え、吸う力も強くなっていきました。体重も増えました。リスザルの赤ちゃんはお母さんにしがみついて暮らしているので、自然の状態に近づけようとチッチくんのお母さん代わりにぬいぐるみにしがみつかせてみました。嫌がったり、大きさが合わなかったりで、気に入ってもらえるものをいろいろ探しました。一番気に入ってくれたのは、リスのぬいぐるみです。毛並みがリスザルに近いシッポの部分にいつもしがみついていました。今でもチッチにとってはリスのぬいぐるみが母親なのです。この時に私は、「人工保育よりも、やっぱりお母さんが育児

をした方がいいんだ」と思いました。人間に馴れ、仲間に戻れないということもありますが、お母さんの愛情と会話が必要なのではないでしょうか。リスのぬいぐるみにしがみついて鳴いているチッチに何一つお母さんの返事は返ってきません。

五月六日には、歯が牛え始めました。だんだん自分で動き回るようになります。人の手にも昇り、リスのお母さん（ぬいぐるみ）からも離れて遊ぶようになりました。運動をすることでミルクの量も増えていきました。最初は一ミリリットルを自力で吸うのがやっとだったのが、十ミリリットルは吸います。元気もあり、順調な成長ぶりです。

六月十一日には、生まれた当初から壊死し黒くなっていた尾の半分弱がとれてしまい、少し尾の短い状態になってしまいました。そろそろ離乳の練習をさせるために、バナナを食べさせてみることにしました。細かくして口に入れ味を覚えさせたら、そのうち自分で食べるようになりました。それからはバナナの他にリンゴ、煮イモ、ブドウなどを口に入れて味を覚えさせました。今ではたくさんの物を食べられるようになりましたよ。好物は、ミルクに浸した食パンとミルワームです。

おてんばチッチは元気いっぱいに成長しています。

3　マンドリル

手術後の根比べ

2000年1・2月

マンドリルのオスは、体つきの大きいこともさることながら、その見事な色彩が来園者を驚かせています。顔面の赤と青のコントラストはもちろんのことですが、それをあごひげの鮮やかな黄色がまた引き立てます。下半身の見事なバイオレットがかったブルーとそれを取り巻くスカーレットは、きれいな色彩を誇るグエノン種のサルも及ばないことでしょう。

しかし一方、メスは体つきがオスの半分さえもなく（ナナ約11キログラム）、鮮やかな色彩も持ち合わせておらず、オスよりずっとくすんだ色です。

食文化は大変なもので、雑食家の王様とも言うべきでしょうか。メニューの種類には膨大なものがあります。果物、木の実、昆虫、カタツムリ、爬虫類、キノコ類、コケ類と、彼らの口に合わないものはないようです。

こんな生活力旺盛なマンドリルですが、当園のメス（ナナ）は常に控えめで、亭主関白のオス（ケリー）に従順すぎるくらい気が小さいのです。その彼女が、とうとう切れてしまったのか。ケリーに対抗するかと思いきや、今までの鬱積した思いを自分の足にぶつけてしまったのです。

おれ様がストレスのもとか…？
こら！ナナ！
ほじ
ほじ
ほじ

いつもながらオスの子孫繁栄の使命感には脱帽していました。隔日くらいの頻度で交尾行動が見られている二頭ですが、いつになってもナナには妊娠の兆候が現れない。おかしいなーと思ってた十二月初めごろ、生理が順調にきました。ナナの性周期は順調なのに妊娠しない。残るはケリーに原因がと思い、飼育担当者に採取依頼。手元に届いた精液は半透明で薄く、まるで糊が薄く乾いたようなものでした。

とりあえず検査、やっぱり！　顕微鏡で精子を確認することができませんでした。残念、不妊の原因はオスか！　しかし、君の思いは無駄にはしないよと語り掛けたものでした。

そんな暮れも押し迫った十二月三十日、ナナの右後肢二カ所が裂けて出血。翌日から投薬開始。元日にも出血痕、一月四日には傷口を自分でいたずらし、傷口をますます広げダメージを深くしてしまったのです。

翌日捕獲、右後肢甲部から足首にかけ十数針の手術、入院させました。抜糸されないようにワイヤーで縫合したのですが、翌日何本か抜かれてしまいました。そこで今度は塩ビ管を足の太さに切り、縫合面を保護しました。次の日からは塩ビ管をかじる日が続き、五日目にはとうとう塩ビ管を抜いてしまったのです。傷口はかなり治癒していました。あと十日も我慢すれば退院だな、と独り言。しかし、願いは届かず十日目には傷口をいたずら。「こら、ナナ、ダメ！」。大きい声はむなしいばかり。翌朝、病室の床面は血だらけで、再び七針縫合し、今度はM‐キャスト（硬く固まる包帯）を足に巻くことにしました。数日後、キャストをはずしてみると、足首の所にキャストが食い込み、肉が露出。「あー」、獣医二人で顔を見合わせ、言葉に詰まってしまいました。

最後に登場したのがポリキャスト（湯の中で温め、柔らかくして形を固定）で、苦労して足の角度にあわせ装着。「あと十日間我慢」と祈る思いで診療台の上で麻酔で眠っているナナを見つめてしまいました。

三月九日、なんとかポリキャストをはずす日が来ました。傷はきれいに完治。ラッキー！　晴れて三月十七日に退院。長い間お疲れ様でした。再び入院することがないようにと祈り、見送りました。

◇

しばらく独り身でいたケリーも連れ添いのナナがいかに大きな存在だったのか悟ったのでしょう。あの日以来、いつもナナを気遣う仕草が見られ、ナナの心情は安らかになりました。そんなほほえましい光景を目にしていると、二世誕生の思いを叶えてあげたくなります。

4　小型サル

子育ては家族で　2003年11・12月

皆さん、小型サル舎の前を通る時にチョッと足を止めてみて下さい。二〇〇三年十月に生まれたエンペラータマリンの二頭の赤ちゃんがようやく親から離れ、自分たちで木々を上手に飛び移り遊んでいる姿がご覧になれます。立派に生えそろった白いヒゲが何とも愛らしいです。

同じく十二月には久々にワタボウシタマリンの赤ちゃんが誕生しました。生まれて間もなく小さな額に5ミリメートルほどの傷を負い先行きを案じていましたが、今では傷も癒え頑張って親の背中から落ちないようにしがみついています。

ところで小型サルの仲間たちには興味深いことがあります。エンペラータマリンなどは自分の体重の約三分の一ほどの赤ちゃんを二頭も産みます（時には三頭）。実際、親の体重が２００グラムぐらいですから70グラムの赤ちゃんを産むのです。人間に例えると体重50キログラムのお母さんが17キログラムもある赤ちゃんを産むことになります。「おどろきの一言ですね」。

しかも、離乳するまで二頭を背負うのです。他のサルのように子供を胸の前で抱くことはミルクを与える時だけしかしません。だから、いつも重くて疲れるようです。かといって、重いから背中から降りなさいと言っても子供は聞きはしません。そんな時、無理やり台の上でゴロンと転がります。すると赤ちゃんは潰されては大変と思い、背中から慌てて離れます。しかし小型サルの仲間は大変家族思いで、周りのお父さん、お姉さん、お兄さん、おばさんたちがその子をおんぶして面倒を見てくれます。人間と同じですネ。

日本平動物園うちあけ話

静新新書　005

2006年9月12日初版発行

著　者／静岡市立日本平動物園
発行者／松井　純
発行所／静岡新聞社
〒422-8033　静岡市駿河区登呂3-1-1
電話　054-284-1666

印刷・製本　図書印刷
・定価はカバーに表示してあります
・落丁本、乱丁本はお取替えいたします

ISBN4-7838-0327-7 C1245

静岡新聞社の本　好評既刊